02763 Zittau, Bergstr. 7

builderall-power.de

RATGEBER

ENERGIEWENDE EXTREM

BLACKOUT

Wie bereite ich mich und meine Familie auf die Gefahr eines überregionalen, länger andauernden Stromausfalls vor?

Mathias Scholz

Vorwort

Das Szenario, von dem dieser Ratgeber handelt, darf niemals eintreten – nämlich ein länderübergreifender Totalausfall der Stromversorgung, „**Blackout**“ genannt. Es stellt die schlimmste Bedrohung unserer Gesellschaft gleich nach einem massiven Kriegsfall dar. Die Folgen wären unvorstellbar, **denn das Funktionieren eines modernen Industriestaates hängt entscheidend von der permanenten Verfügbarkeit elektrischer Energie ab.** Und diese wird aufgrund eines primär aus ideologischen Gründen forcierten Umbaus hin zu volatilen „erneuerbaren“ Energien unter Abbau herkömmlicher Erzeugungskapazitäten immer mehr gefährdet. Beispiele für solche „Gefährdungen“ sind bereits an einigen Orten der Erde deutlich zu erkennen. Man denke nur an Kalifornien oder Australien, wo sich der massive Ausbau von Wind- und Solarkraft in einem zeitweise immer instabiler werdenden Stromnetz widerspiegelt. Und auch in Europa nimmt die Blackout-Gefahr von Jahr zu Jahr zu, je mehr grundlastfähige konventionelle Kraftwerkskapazitäten abgebaut und volatile „erneuerbare“ Energien ohne die eigentlich dazu notwendige Speichertechnik zugebaut werden. In der „Sicherheitspolitischen Jahresvorschau“ über die aktuelle Gefahrenlage in Österreich 2020 heißt es z.B. lapidar:

"***Das größte Risiko für eine nächste Systemkrise in Österreich birgt ein flächendeckender Strom-, Infrastruktur- und Versorgungsausfall (Blackout), mit dessen Eintritt binnen der nächsten fünf Jahre zu rechnen ist.***"

Das eigentlich Bemerkenswerte ist aber, dass das Österreichische Bundesheer, dem eine besondere Bedeutung bei einer Krisenbewältigung zugestanden wird, selbst aktiv wird und zusammen mit zivilen Einrichtungen im Herbst des Jahres 2021 mit einer massiven Kampagne begonnen hat, die Bevölkerung über die gravierenden Folgen eines länger andauernden Stromausfalls aufzuklären. Gleichzeitig führt sie schrittweise und in Abstimmung mit den zivilen Einrichtungen der Katastrophenvorsorge eine umfangreiche technische und organisatorische Umstrukturierung durch mit dem Ziel, bei einem Blackout weitgehend autark handeln zu können.

In Deutschland wird das Problem dagegen von der Politik heruntergespielt in dem z. B. von der Bundesnetzagentur in ihrem jährlichen Statement die besondere Versorgungssicherheit Deutschlands anhand von dessen SAIDI-Wert (*System Average Interruption Duration Index*, d. h. die durchschnittliche jährliche Unterbrechungsdauer der Stromversorgung pro Endverbraucher) hervorgehoben wird, die 2020 10,73 Minuten betrug:

„Die Zuverlässigkeit der Stromversorgung in Deutschland war im Jahr 2020 erneut sehr gut. Die bisher niedrigste Ausfallzeit des Jahres 2019 konnte im Jahr 2020 erneut unterboten werden", sagt Jochen Homann, Präsident der Bundesnetzagentur. „Die Energiewende und der steigende Anteil dezentraler Erzeugungsleistung haben weiterhin keine negativen Auswirkungen auf die Versorgungsqualität."

Das ist zwar richtig. **Aber dieser Kennwert sagt nichts über die Wahrscheinlichkeit von kritischen Zuständen in einem**

Verteilungsnetzwerk, welches über das allbekannte Rheinische Grundgesetz *„Et hätt noch immer joot jejange"* hinausgeht, aus. Allein die beiden in der Presse mehr oder weniger thematisierten Störfälle im europäischen Verbundnetz des (noch nicht beendeten) Jahres 2021 sprechen eine andere Sprache. Vielmehr werden – siehe oben – unsere Nachbarländer langsam nervös, bei einem durch Deutschlands „Energiewende" getriggerten Störfall mit in den Abgrund gerissen zu werden, **und das trotz der wirtschaftlich rosigen Aussichten, die der Stromexport zu selbst diktierten Preisen in den nächsten Jahren und Jahrzehnten verspricht.**

Die Schizophrenie deutscher „grüner" Energiepolitik zeigt sich am deutlichsten am konsequent durchgezogenen Atomausstieg, der – bei Lichte betrachtet – der grünen Politik der CO_2-Vermeidung diametral entgegensteht. Nicht ohne Grund haben sich im Oktober 2021 15 Minister aus zehn EU-Staaten in einem offenen Brief an die EU-Kommission gewandt mit der Forderung, dass die Kernenergie Aufnahme in die Taxonomie-Verordnung der EU findet und als „grüne", kohlenstoffarme Energiequelle, die es auszubauen gilt, anzuerkennen ist. Ungefähr zur gleichen Zeit haben sich eine Anzahl unabhängiger Wissenschaftler aus aller Welt an die Bundesregierung gewandt, den endgültigen Atomausstieg zu vertagen, zwar weniger aus Gründen der Versorgungssicherheit als aus klimapolitischen Gründen:

„Sie könnten Ihr Klimaziel für 2030 noch erreichen. Sie könnten immer noch einen Kurswechsel vornehmen und

Ihre Prioritäten so ändern, dass der Kohleausstieg vor dem Atomausstieg erfolgt. Alles, was es dazu benötigt, ist eine Klima-Notstandsverordnung mit Änderung des Atomgesetzes, welche die 2010 vereinbarten Laufzeitverlängerungen für die Kraftwerke auf 2030 bis 2036 wieder in Kraft setzt.

Sind Ihre Politiker mutig genug, diese konkrete Änderung, die sich eindeutig positiv auf die Emissionen auswirken würde, in Ihrem Namen zu einem kritischen Zeitpunkt in der Klimakrise umzusetzen? Diese Notfallmaßnahme – eine einfache Verschiebung des Atomausstiegs – würde zu Recht den Respekt der jungen Generation und der kommenden Generationen verdienen."

(Welt, 13.10.2021)

Da dieser Aufruf aber auch der Versorgungssicherheit zugutekommt, ist er auf jeden Fall unterstützungswert. Es wird nur nichts nutzen, denn, wie ein bekannter deutscher Politiker auf eine entsprechende Frage zum „Atomausstieg" geantwortet hat, *„Der Drops ist gelutscht"*. Was bedeutet das für einen ganz gewöhnlichen Bürger? Ganz unabhängig von der monetären Seite, die an sich schon eine Katastrophe ist (Stichwort Energiepreise im internationalen Vergleich), erhöht sich die Gefahr eines Blackout mehr und mehr, je weniger dem entgegengesteuert wird. Im günstigsten Fall (und damit erst einmal weniger katastrophal) wird es zu einer Strommangelwirtschaft kommen, welche die deutsche Industrielandschaft maßgeblich ausdünnen wird. Die ersten Anzeichen dafür sind schon ganz konkret zu beobachten und lassen sich der Tagespresse entnehmen. **Wenn aber das Stromnetz doch einmal überregional**

zusammenbrechen sollte, was Gott verhindern möge, dann ist letzter Konsequenz jeder Bürger sich selbst der Nächste. Dann haben nur diejenigen eine Chance mit ihren Familien einigermaßen glimpflich die kritische Zeit zu überstehen, die entsprechend vorgesorgt haben. Und dazu soll dieser Ratgeber etwas Hintergrundwissen und Anleitung geben.

Inhaltsverzeichnis

Diesem düsteren Geschlecht ist nicht zu helfen; man musste nur meistenteils verstummen, um nicht, wie Kassandra, für wahnsinnig gehalten zu werden, wenn man weissagte, was schon vor der Tür steht.

Goethe

Blackout – Energiewende extrem

Ein Menetekel hängt in der Luft. Die Wahrscheinlichkeit für ein Ereignis, dessen konkreten Auswirkungen sich wohl nur die wenigsten Menschen einigermaßen realistisch vorstellen können (oder wollen), wird stetig größer. **Und damit ist die Gefahr eines länger andauernden überregionalen Zusammenbruchs der Elektroenergieversorgung gemeint.** Der Fachbegriff dafür ist „Blackout", wobei man darunter gewöhnlich einen großflächigen (mindestens Bundesland) Stromausfall versteht, der sich länger als 12 Stunden hinzieht. **Da die gesamte kritische Infrastruktur eines modernen Industriestaates von der permanenten Verfügbarkeit elektrischer Energie abhängt, kann sich ein überregionaler Blackout schnell zu einer kaum oder auch gar nicht mehr beherrschbaren Katastrophe ausweiten.** Dieser Umstand ist dem normalen Bürger kaum oder überhaupt nicht bewusst, denn statistisch gesehen muss man in Deutschland mit gerade einmal 10 Minuten Stromausfall im Jahr rechnen. Der Fachausdruck für diese Zeitspanne ist der SAIDI-Wert (*System Average Interruption Duration Index*). Für die USA betrug er z. B. im Jahre 2019 stolze 280 Minuten, was nicht unwesentlich dessen in die Jahre gekommenen und teilweise schlecht gewarteten Stromnetz zu verdanken ist. Deutschland ist dagegen nicht nur im Vergleich dazu eines der Länder auf der Welt mit einer besonders hohen Versorgungssicherheit. Schon aus diesem Grund kann sich bis auf diejenigen, die aufgrund der durch die „Energiewende“ bedingten exorbitant hohen Strompreise ihre Stromrechnungen nicht mehr bezahlen können und denen man deshalb den „Saft“ abgedreht hat, niemand mehr vorstellen, was es bedeutet, ohne elektrischen Strom auskommen zu müssen. **Elektrischer Strom ist mittlerweile zu einem Gut geworden, welches jeden Tag, jede Stunde, jede Minute und jede Sekunde im Jahr permanent verfügbar sein muss, da mittlerweile quasi „alles“ irgendwie davon abhängt.** Beispiele dafür werden Ihnen sicherlich selbst sofort ohne Mühe einfallen.

Die „**Energiesicherheit**“ (in diesem Fall die Versorgungssicherheit mit elektrischer Energie) ist deshalb ein äußerst wichtiger Parameter der Elektroenergieversorgung innerhalb eines Verbundnetzes bzw. seiner Teilnetze und muss durch entsprechende Maßnahmen rund um die Uhr zu 100% technisch gewährleistet sein. Nur ist es so, dass der genannte SAIDI-Wert nur eine Scheinsicherheit verspricht. So kam es am 10. Januar 2019 um 21:02:06 Uhr zu einem Abfall der Netzfrequenz im europäischen Verbundnetz von 50 Hz Nennfrequenz auf 49,8 Hz, was letztmalig am 4. November 2006 geschehen ist, und - wie bereits berichtet - über Ländergrenzen hinweg 10 Millionen Haushalte für zwei Stunden einen Stromausfall bescherte (was eine Abweichung der Netzfrequenz vom Standardwert 50 Hz bedeutet, wie sie entsteht und was sie mit einem Blackout zu tun hat, wird im Folgenden noch näher erläutert). Dass es hier nicht zu einer ähnlichen und über Kaskadeneffekte vielleicht sogar zu einem viel größeren Netzzusammenbruch gekommen ist, konnte von den europäischen Netzbetreibern noch gerade so verhindert werden. Die ersten Presseberichte über diesen Vorfall erschienen fünf Tage später, zwar mit einer oft reißerischen Überschrift, aber einem nicht selten abwiegelnden Inhalt.

BLACKOUT

Europas Stromnetz stand am Rande des Totalausfalls

Vergangene Woche kam es im europäischen Stromnetz zu einer Verkettung von Umständen, die fast ein Blackout ausgelöst hätten

Markus Sulzbacher, Fabian Schmid 15. Jänner 2019, 06:00 1.528 Postings

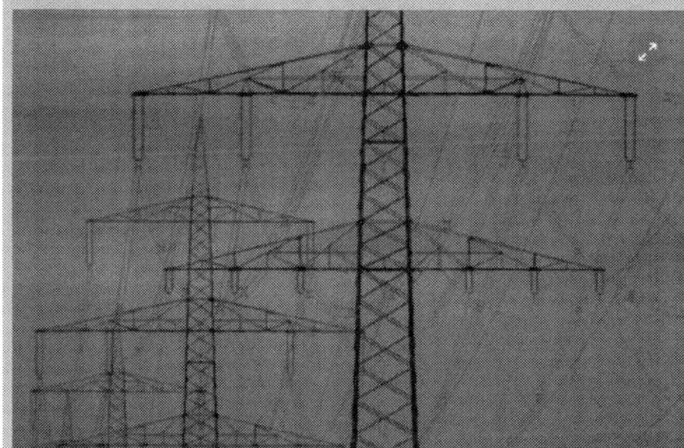

DER STANDARD

Dabei musste der französische Netzbetreiber RTE innerhalb von 20 bis 45 Minuten mehr als 1,5 GW an industrieller Last abwerfen (konkret bedeutet das die automatische temporäre Abschaltung von Stromgroßverbrauchern wie Aluminiumhütten, Stahlwerke, Kühlhäuser etc.), um die Netzfrequenz zu stabilisieren. Durch diese schnelle Reaktion konnte verhindert werden, dass die nächsten für solch einen Fall vorgesehenen Regelungsstufen nicht in Anspruch genommen werden mussten. Oder wie es der österreichische Sicherheitsexperte Herbert Saurugg einmal recht plastisch beschrieben hat:

„Wenn ich mit 100 km/h auf eine Mauer zufahre und 1 cm davor noch zum Stillstand komme, ist auch nichts passiert. Aber niemand würde behaupten, dass da nichts war. Und so ähnlich würde ich das Ereignis einstufen. Ja, es war alles vorbereitet, damit die Bremsen rechtzeitig greifen. Und wenn man eine Verbrauchergruppe fast so groß wie die Stadt Wien (2.000 MW) abschaltet, damit es nicht noch schlimmer kommt, dann ist das nicht mehr ganz marginal."

Übrigens, genau zwei Wochen später, am 24. Januar 2019 um 6 Uhr früh kam es zu einer kritischen Überfrequenz von 50,2 Hz, d. h. auch hier wurde die Grenze eines sicheren Netzbetriebes erreicht. Es scheint, dass sich gewisse Effekte des stündlichen Stromhandels auf unerklärbare Weise aufgeschaukelt haben, was an sich schon beunruhigend genug ist.

Der nächste größere Störfall ereignete sich am 8. Januar 2021 gegen 13.04 Uhr MEZ. Er führte zu einem starken Frequenzabfall im Stromnetz des österreichischen Energieversorgers EVN, als dessen Ursache sich später eine Störung in einem kroatischen Umspannwerk herausstellte (konkret die automatische Abschaltung („Auslösung") eines 400-Kilovolt-Sammelschienenkupplers). Als Reaktion darauf spaltete sich das europäische Verbundnetz in zwei Teilnetze unterschiedlicher Frequenz auf. Dadurch fehlten im nordwestlichen Teil des Netzes plötzlich 6,3 GW Erzeugungsleistung und im südöstlichen Teil entstand ein Überschuss von 6,3 GW. Dies führte dazu, dass die Frequenz im nordwestlichen Netzteil abfiel, während sie im südöstlichen Teil sprunghaft anstieg. In Frankreich und Italien fanden als Reaktion darauf Lastabwürfe von insgesamt 1,7 GW statt, in dem entsprechende industrielle Großverbraucher vertragsgemäß temporär vom Netz genommen wurden. Die beiden Teilnetze konnten erst nach ca. 1 Stunde wieder synchronisiert werden.

Eine derartige „Systemauftrennung“ fand davor zuletzt am 4. November 2006 statt – den Fachleuten bekannt unter dem Namen „Emslandstörung“. Über sie wird noch näher zu berichten sein.

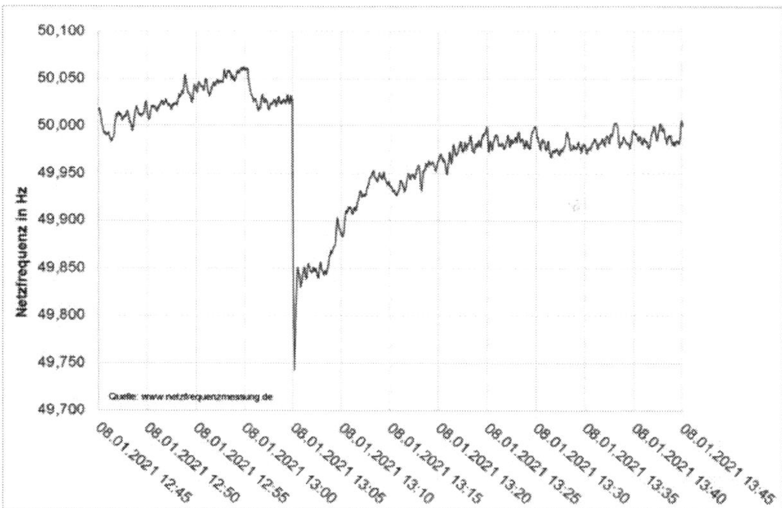

Am Freitag, dem 8. Januar 2021, kam es um 13:04:55 Uhr MEZ im europäischen Höchstspannungsnetz (ENTSO-E) zu einem deutlichen Frequenzeinbruch. Innerhalb von 14 Sekunden erfolgte ein Frequenzabfall von 50,027 auf 49,742 Hertz und das Netz musste in zwei Teilnetze aufgespalten werden. Quelle: netzfrequenzmessung.de

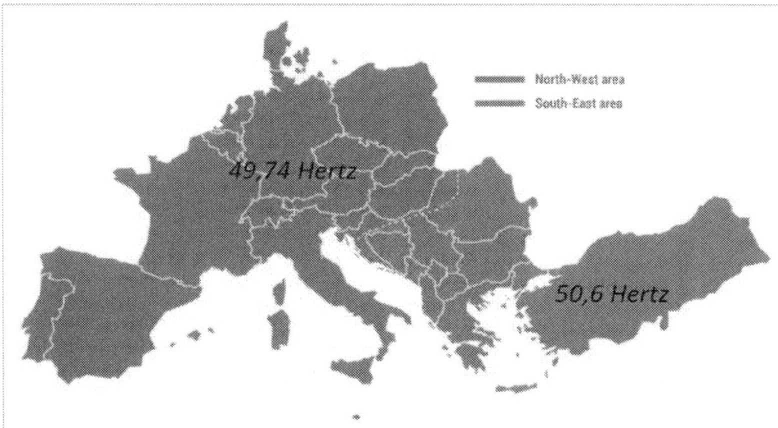

Aufspaltung des Europäischen Verbundnetzes in zwei Teilnetze am 8. Januar 2021 aufgrund eines Störfalls in einem kroatischen Umspannwerk. (Quelle: amprion.net)

Ein weiterer Störfall ereignete sich am 17. Mai 2021, der aber nicht so gravierend war, dass es zu einer automatischen Stromnetztrennung kam. Hier lag die Ursache in Polen, wo es nach dem Ausfall einer Schaltstation zur Netztrennung des Kraftwerks Bełchatów kam. Das Positive daran war, dass alle Sicherungsmechanismen korrekt gearbeitet haben und die Kraftwerksblöcke, auch dank der hohen Professionalität der Mitarbeiter, wieder schnell ans Netz gehen konnten. Das gelang übrigens auch dadurch, dass das Kraftwerk Turow nahe der deutschen Grenze kurzfristig in der Lage war, seine Erzeuger-Kapazität entsprechend zu erhöhen. Interessant in diesem Zusammenhang ist, dass die EU versucht, aufgrund einer geplanten Erweiterung des Braunkohleabbaus in dem benachbarten Tagebau dessen Schließung und damit indirekt auch die Schließung des Kraftwerkes (2000 MW) durchzusetzen.

A FIRE IN THE AUDE LEADS TO BLACKOUTS IN FRANCE, SPAIN AND PORTUGAL

July 25, 2021 France 2 Views

Facebook Twitter Google + LinkedIn Pinterest

Quelle: newsbeezer.com vom 25. Juli 2021

Ein besonders ernster Zwischenfall, von dem auch ausführlich in der Presse berichtet wurde, trat am Nachmittag des 24. Juli 2021 ein, an dem es zu einer Netzaufsplittung im ENTSO-E Verbundnetz zwischen Frankreich und Spanien kam. Ursache war hier ein Waldbrand an der spanisch-französischen Grenze, bei der aus Versehen die Wassermassen eines Löschflugzeuges genau über einer 400-KV-Hochspannungstrasse abgeworfen wurden, was zu einem Kurzschluss führte. Just zu diesem Zeitpunkt musste Spanien gerade massiv Strom aus Frankreich importieren, der dann natürlich über andere Leitungen transportiert werden musste. Und das ging gründlich schief. Denn sie wurden wegen Überlastung automatisch abgeschaltet. Auf einem Schlag fehlten in Spanien die Energiemenge von ungefähr drei Kraftwerken (d. h. ca. 2500 MW an Einspeiseleistung), was zu einem augenblicklichen automatischen Lastabwurf führte, bei denen von einer Sekunde auf die andere große Industriebetriebe und einige Hundertausende Haushalte vom Netz getrennt wurden. Wäre das nicht gelungen, dann wäre ein Blackout unvermeidlich gewesen. Diese etwas „unglücklich" verlaufende Waldbrandlöschaktion bewirkte also, dass über 2 Millionen Menschen in Teilen von Spanien, Frankreich und Portugal quasi „im Dunklen" saßen (wäre es nicht gerade Nachmittag gewesen). Zum Glück dauerte es auch nur eine Stunde, bis das spanische Stromnetz wieder mit dem Gesamteuropäischen synchronisiert war und die Stromabnehmer wieder zugeschaltet werden konnten (was in diesem Fall übrigens nicht ganz unproblematisch war). Aber das war nicht der letzte größere Zwischenfall in Europa des Jahres 2021. Am 15. September kam es zu einem Feuer in einer Konverterstation in England, worauf der Stromfluss in einem 2000 MW-Kabel nach Frankreich unterbrochen werden musste. Dieser Vorfall limitierte die britischen Importkapazitäten von französischem Atomstrom gerade zu einer Zeit, wo ein Mangel an Windkraftenergie den Briten schon eh zu schaffen machte.

Das **Beunruhigende** an dieser kurzen Aufzählung ist, dass es bereits in den ersten sieben Monaten des Jahres 2021 zu zwei Netzaufspaltungen im Europäischen Verbundnetz gekommen ist (quasi das Schlimmste vor einem richtigen „Blackout"). Ereignisse also, die während des Bestehens dieses Verbundnetzes erst dreimal aufgetreten sind – und zwar in den Jahren 2003, 2006 und 2015. Und wenn man weiß, dass es bei derartigen Netzaufspaltungen schnell zu unerwarteten Kaskadeneffekten kommen kann, an deren Ende u. U. ein Totalausfall der europäischen Stromversorgung steht, dann sollte man diese Ereignisse sehr, sehr ernst nehmen. **Bereits 2020 haben Experten des Österreichischen Bundesheeres, die auch für die Katastrophenprävention zuständig sind, davon gesprochen, dass es sehr wahrscheinlich ist, dass in den folgenden fünf Jahren (auch aufgrund des deutschen Atom- und Kohleausstieg) ein länger andauernder Blackout in Europa auftreten wird. Eine Einschätzung, die in der Bevölkerung weitgehend unbekannt ist, die von Politikern aller Couloir i. d. R. ignoriert, aber von Fachleuten überwiegend geteilt wird.**

Netzauftrennungen im Europäischen Verbundnetz

28.09.2003	Netzauftrennung in der Schweiz und dadurch Blackout in Italien
05.11.2006	Netzauftrennung quer über Europa, 3 Netzinseln
31.03.2015	Netzauftrennung zur Türkei und in Folge Blackout in der Türkei
08.01.2021	Netzauftrennung am Balkan
24.07.2021	Netzauftrennung zur Iberischen Halbinsel

Wie die hier aufgezählten Störfälle zeigen, ist es die vornehmliche Aufgabe der Energieversorger die Versorgungssicherheit rund um die Uhr zu gewährleisten. Die Qualität dieser Gewährleistung lässt sich in einem Wechselstromnetz, in der die Energieerzeuger und Verbraucher alle in gleicher Phase arbeiten, anhand der **Stabilität der Netzfrequenz** (in Europa 50 Hz) ablesen. Übersteigt sie 50 Hz (wie am 24. Januar 2019), dann wird in das Netz mehr Energie eingespeist, als zum gleichen Augenblick verbraucht wird.

Ist jedoch im gleichen Augenblick der Verbrauch höher als die Einspeisung, dann sinkt die Netzfrequenz. Die Aufgabe der Netzbetreiber besteht deshalb in erster Linie darin, diese Frequenz durch ausgefeilte technische und organisatorische Maßnahmen („Redispatch“, „Strommarkt“) immer und unter allen Umständen innerhalb eines sehr kleinen Toleranzbereichs (±0,2 Hz) stabil zu halten. Gelingt das nicht, dann müssen entweder sofort entsprechend viele Verbraucher vom Netz getrennt („Lastabwurf“) oder, bei „zu viel“ Strom im Netz - zusätzliche Verbraucher zugeschalten werden, wobei es beim Versagen der Regelkette im Extremfall zu einem totalen Netzzusammenbruch, einem Blackout, kommen kann. **Und gerade die Aufgabe der Netzstabilisierung ist immer schwieriger zu bewältigen, je mehr volatile Energie von Windkraftanlagen sowie von Solaranlagen vorrangig in die Netze fluten und je mehr grundlastfähige Kraftwerke, die mit ihren enormen rotierenden trägen Massen Regelleistung in Form der sogenannten „Momentanreserve“ zur Verfügung stellen, dauerhaft vom Netz genommen werden.**

Wenn man das Problem einer sicheren Stromversorgung diskutiert, muss im Hinterkopf immer folgender Lehrsatz präsent sein: **In einem Wechselstromnetz muss die Summe aller Einspeisungen zu jedem Zeitpunkt (auf die Millisekunde genau) gleich der Summe aller Verbräuche sein.** Oder mal auf den Alltag heruntergebrochen: Wenn Sie ihren Elektroherd einschalten, muss irgendwo im Netz ein Kraftwerk seine Leistung entsprechend erhöhen und wenn Sie ihn wieder ausschalten, dann muss ein Kraftwerk entsprechend weniger Energie in das Netz einspeisen. Dieses

Gleichgewicht muss immer, d. h. zu jedem Zeitpunkt, gegeben sein. Primär wird bei kleinen Schwankungen dieses Gleichgewichts die Frequenzstabilisierung durch die großen trägen Massen der rotierenden Teile in Kraftwerksturbinen realisiert (konventionelle Regelleistung). Reicht sie nicht aus, treten weitere Regelmechanismen, die man unter den Begriffen Primär- und Sekundärregelung zusammenfasst, in Kraft. Aufgrund der bevorzugten Einspeisung hoch volatiler Energieerzeugungsanlagen („Flatterstrom"), wird die frequenzmäßige Ausbalancierung und Stabilisierung des Stromnetzes zunehmend komplexer und damit auch störanfälliger. **Deshalb dürfte nach 2021/2022 die Versorgungssicherheit im europäischen Verbundnetz signifikant abnehmen, wenn nämlich Deutschland als ein besonders wichtiger Stromlieferant seine letzten Kernkraftwerke vom Netz nimmt.** Deren massiven Turbinen fehlen nämlich dann nicht nur als Grundlasterzeuger, sondern auch als Momentanreserve, wenn es beispielsweise zu plötzlichen Nachfrageschwankungen kommen sollte. Und dabei ist hier der politisch verordnete Kohleausstieg noch gar nicht mit berücksichtigt (bis zum Jahre 2022 will die Bundesregierung 12,7 GW Grundlastkapazität stilllegen – bei einer gegenwärtigen Höchstlast von ca. 75 bis 80 GW). Insbesondere Süddeutschland wird sich dann autonom – d. h. ohne Stromexporte aus den Nachbarländern – nicht mehr selbst versorgen können. Und auch heute gab es bereits Tage, an denen Deutschlands prinzipiell nicht mehr in der Lage waren, seinen Strombedarf aus eigenen Erzeugeranlagen zu decken. Zwar könnten hier neue Stromtrassen – wie geplant und rudimentär schon im Bau – helfen, „Windstrom" aus dem Norden nach Süden zu leiten. Aber auch diese

Stromtrassen helfen nicht (d. h. wenn sie irgendwann in der Zukunft mal gebaut sein sollten), wenn z. B. im Winter ein ganz Mitteleuropa überspannendes Hochdruckgebiet das Windaufkommen gegen Null gehen lässt (und dass nachts die Solaranlagen auch nicht aushelfen können, sollte wirklich jedem klar sein). Und wer etwas von effektiven „Speichern" faselt – es gibt sie einfach in der benötigten Größenordnung nicht...

Übrigens, Süddeutschland hatte bereits im Jahre 2018 ein Bilanzdefizit von 9,1 GW, welches sich unter Berücksichtigung der Netzreserve zwar auf 3,3 GW verringert, was einen Stromimport aus Norddeutschland sowie aus Nachbarländern trotzdem unabdingbar machte. In kritischen Situationen ist deshalb gerade Süddeutschland besonders gefährdet. **Ein hier ausgehender Netzzusammenbruch kann dann aufgrund von nicht mehr technisch beherrschbaren Kaskadeneffekten nach Meinung von Fachleuten auch die Netze anderer Länder, die in das europäische Verbundnetz eingebunden sind, mit in den Abgrund reißen.** Und auf noch etwas sei hingewiesen: Bei einem beschleunigten Kohleausstieg wie sie die „Kohlekommission" festgelegt hat (und welche die „Grünen" in ihrem Parteiprogramm bekanntlich noch weiter forcieren möchten), benötigt Süddeutschland 2025 allein bis zu 16 GW Importkapazität aus dem benachbarten Ausland zur sicheren Lastabdeckung. Was passiert, wenn diese Lastabdeckung für einen winzigen Augenblick einmal nicht gegeben ist, weil vielleicht aufgrund einer ungünstigen Wetterlage oder auch aus anderen Gründen die angrenzenden Länder selbst ihre Elektroenergie benötigen (d. h. der „Exporteur" selbst zum „Importeur" wird), scheint sich weder in der Politik noch in der Bevölkerung herumgesprochen zu haben. Über den „Energiemarkt" (genauer dem Börsenpreis) lässt sich dann jedenfalls die Netzstabilität nicht mehr einregulieren. **Und wenn es dann doch zu dem „höchst unwahrscheinlichen" Blackout kommt, dann sitzen alle Marktteilnehmer im gleichen Boot und gehen gemeinsam unter.**

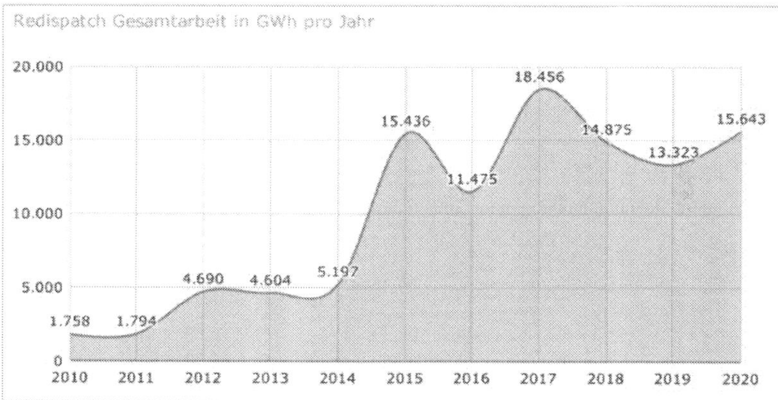

Statistik der Netzeingriffe in Deutschland in den Jahren 2010-2020
Quelle: Bundesnetzagentur

Den permanenten Niedergang der Versorgungssicherheit aufgrund der Auswirkungen des „Neuen Energien-Gesetzes" (EEG) lässt sich augenscheinlich am besten anhand der von den Netzbetreibern veranlassten Netzeingriffe quantifizieren. Man spricht hier im Jargon der Elektroenergieversorgung von sogenannten „Redispatch"-Vorgängen, die sich wiederum an den sie verursachenden „Kosten" messen lassen (bestehend aus Redispatch, Einspeisemanagement, Reservekraftwerke). Sie lagen im Jahre 2011 bei 41,63 Millionen Euro, im Jahre 2012 bei 164,79 Millionen Euro, im Jahr 2015 bei 411,9 Millionen Euro und haben schließlich im Jahre 2017 die Milliardengrenze überschritten! 2020 waren es ca. 1,26 Milliarden Euro und alle diese Gelder müssen von den Stromkunden aufgebracht werden. **Ohne einen permanenten regelnden Eingriff in die Übertragungsnetze (man kann auch sagen „täglichen") wäre es übrigens schon heute längst zu großräumigen Netzzusammenbrüchen in Deutschland gekommen.**

Diese permanente Zunahme der Regeleingriffe hat direkte Konsequenzen einmal für die Industrie und zum Zweiten für den Geldbeutel der privaten Verbraucher, der all das über den Strompreis bezahlen muss. Nehmen wir als Beispiel nur einen Tag, an dem der Strom in Deutschland zur Mangelware wurde. Solch ein Tag war beispielsweise der 14. Dezember 2018. Gegen Mittag ging an diesem Tag bei vielen Großverbrauchern wie Glaswerke, Aluminiumhütten, Walzwerke und Gießereien die Nachricht ein, dass sie im Rahmen eines Lastabwurfs mit einer Stromabschaltung zu rechnen haben. Als Grund wird später ein Prognosefehler bei den „erneuerbaren" Energien angegeben, weil halt die Sonne doch nicht so intensiv am Mittag gestrahlt hat, als es am Vortag prognostiziert wurde. Und auch der Wind wehte nicht so, wie er eigentlich wehen sollte. Kurz nach 12 Uhr war jedenfalls die „Minutenreserve" der Pumpspeicherkraftwerke verbraucht und auch das benachbarte Ausland war nicht in der Lage, die zur Netzstabilisierung nötige Strommenge zu liefern. Also mussten innerhalb kürzester Zeit alle unter Vertrag stehenden Großverbraucher vom Netz genommen werden, und zwar in der Summe 1025 Megawatt an Leistung. Zwar erhalten die betroffenen Unternehmen dafür von den Netzbetreibern eine üppige Entschädigung, aber trotzdem werden die Betriebsabläufe durch einen derartigen Lastabwurf rapide gestört. Erst gegen 15 Uhr überstieg an diesem Tag die inländische Stromerzeugung wieder die Nachfrage und die vom Lastabwurf betroffenen Industriebetriebe konnten wieder ans Netz gehen. Und solche Beispiele findet man viele, wenn man beispielsweise auf dem „Agorameter" danach gezielt sucht und die entsprechenden Daten recherchiert.

Stufe 1:	49,8 Hz	Alarmierung des Personals und Einsatz der noch nicht mobilisierten Erzeugungsleistung auf Anweisung des ÜNB, Abwurf von Pumpen.
Stufe 2:	49,0 Hz	Unverzögerter Lastabwurf von 10 - 15 % der Netzlast.
Stufe 3:	48,7 Hz	Unverzögerter Lastabwurf von weiteren 10 - 15 % der Netzlast.
Stufe 4:	48,4 Hz	Unverzögerter Lastabwurf von weiteren 15 - 20 % der Netzlast.
Stufe 5:	47,5 Hz	Abtrennen aller Erzeugungsanlagen vom Netz.

Sinkt die Netzfrequenz von 50 Hz wegen schwankender Einspeisung auf 49 Hz, kommt es zum Lastabwurf – quasi einem lokal und zeitlich begrenzten „Blackout". Quelle: VDE/VNN

Was passiert, wenn der Stromausfall doch einmal länger dauert, so dass die Metallschmelzen in den zwangsabgeschalteten Aluminiumhütten zu erstarren beginnen, daran möchte man gar nicht denken. Denn das entspricht im wahrsten Sinne des Wortes einem Totalschaden. Ob danach der Betreiber einer Aluminiumhütte eine derartige Industrieanlage jemals wieder wird auf deutschem Boden neu errichten lässt, kann getrost verneint werden. So heißt es in einem Brandbrief, den der Neusser Hersteller „Hydro Aluminium" Ende des Jahres 2018 an den Präsidenten der Bundesnetzagentur schrieb *„Bisher sind dieses Jahr 78 Ab-*

schaltungen alleine der Aluminiumhütten erfolgt" – und das sei ein neuer Rekord. Man sieht, auch hier liegen im Management langsam immer öfters die Nerven blank. So schreibt die FAZ in ihrer Online-Ausgabe vom 12.1.2019:

„Die Industrie aber irritieren solche Einzelfälle, erst recht deren Häufung. Schon vier Tage später, am 18. Dezember, kam es zu einem Blackout in der Hamburger Alu-Hütte von Trimet samt dem benachbarten Walzwerk. „Die Produktion fiel schlagartig und ungeplant vollständig aus", heißt es in dem Brief an Homann (*). Nur mit Notstromdiesel habe die Notbeleuchtung aufrechterhalten werden können. „Dies verursachte beträchtlichen Produktionsausfall und Sachschaden." An diesem Donnerstag war die Alu-Hütte schon wieder von einem Ausfall betroffen."

(*) Jochen Homann, Präsident der Bundesnetzagentur

Lastabwürfe bleiben i. d. R. „normalen" Verbrauchern verborgen, da sie als probates Mittel der Systemführung von den Netzbetreibern vertraglich mit geeigneten Großverbrauchern vereinbart sind und nur selten auf diese durchschlagen. Aber ob das auch in Zukunft noch gelten wird, wenn immer mehr Grundlastkapazität abgebaut und volatile Energieerzeuger immer mehr an Bedeutung gewinnen, darf gerne bezweifelt werden. Irgendwann wird man dann auch in Deutschland einmal ganze Großstädte für kurze Zeit vom Netz nehmen müssen, um einen „globalen" Blackout mit all seinen Konsequenzen zu vermeiden. Als Vorstufe zu derartigen Ereignissen wird man mit merklichen Einbußen in der „Stromqualität" zu rechnen haben, die sich beispielsweise in temporären Spannungsabfällen äußert. Aber auch ein derartiger „**Brownout**“ kann zu Schäden in in dieser Hinsicht nicht robust genug ausgelegten elektrischen Geräten führen. **Auf jeden Fall sind häufigere „Brownouts“ – als Anzeichen fehlender Regelleistung – als Vorboten eines überregionalen Blackouts zu werten und sollte zu verschärften Sicherheitsmaßnahmen führen.** Politisch zerstörerisch dürften von den Netzbetreibern gezielt herbeigeführte Brownouts sein, indem sie Privathaushalte, aber auch Industriebetriebe mehr oder weniger regelmäßig temporär die Stromzufuhr kappen, weil die Solaranlagen bekanntlich nachts und Windenergieanlagen bei Flaute nur wenig oder gar keinen Strom erzeugen. **Einen Gesetzentwurf für eine solche Strom-Mangelverwaltung, für den extra der harmlos klingende Begriff der „Spitzenglättung“ erfunden wurde, hat das Bundesministerium für Wirtschaft unlängst vorgelegt ("Steuerbare-Verbrauchseinrichtungen-Gesetz").** Als die Presse aber kommunizierte, was das konkret bedeutet und außerdem die Bundestagswahl vor der Tür stand, hat man es schnell wieder zurückgezogen, um es „zu überarbeiten“. Es war einfach öffentlich nicht zu vermitteln, dass die Bürger in Zukunft nur noch Elektroautos kaufen und ihre Heizungen auf Wärmepumpen umstellen sollen, denen man dann aber jederzeit per Gesetz den Strom kappen kann. Aber die technischen Voraussetzungen, die für solch eine „Spitzenglättung“ notwendig sind, werden trotzdem bereits in Form neuer, extern über das Internet steuerbarer Stromzähler beim Endverbraucher geschaffen.

Die Frage, die sich hier stellt, ist, wie lange sich eine Industrienation ein derartiges, inhärent zu Instabilitäten neigendes Stromnetz sich wird noch leisten können. Auf jeden Fall stehen uns – sollte nach dem Atomausstieg auch noch der Kohleausstieg mit der gleichen Konsequenz vollzogen sein – turbulente Zeiten bevor...

Ein Blackout tritt also immer dann ein, wenn die im System verfügbare Leistung plus Regelleistung zu einem gegebenen Zeitpunkt nicht mehr ausreicht, die physikalisch engen Grenzen gesetzte Frequenzstabilisierung zu gewährleisten. Auslöser dafür können sein (Auswahl):

- Dunkelflauten, wenn die Energie des bestehenden Kraftwerkparks aus Kern- und Wärmekraftwerken nicht mehr ausreicht, die fehlende Einspeisung von Wind- und Solarkraft zu 100% auszugleichen

  Anmerkung: Zum Jahreswechsel 2021 / 2022 gehen (wenn nicht doch noch ein Wunder geschieht) die Kernkraftwerke Brokdorf, Grohnde und Gundremmingen endgültig vom Netz. Ihnen sollen Ende 2022 dann die letzten deutschen Kernkraftwerke Emsland, Neckarwestheim 2 und Isar 2 folgen, wodurch dann in der Summe ca. 21 GW an permanent verfügbarer Grundlastleistung fehlen werden. Um nur die drei Erstgenannten durch Windkraftanlagen zu ersetzen, benötigt man – gemessen an der erzeugten Strommenge – ca. 4500 WKAs mit einer Nennleistung von 3 MW. Und die müssen noch gebaut werden. Und im Gegensatz zu den Grundlast erzeugenden Kernkraftwerken können sie so gut wie nichts zur Netzstabilität beitragen, denn ihr Energieaufkommen ist höchst volatil und geht bei Flaute sogar gegen Null.

- Ungleiche Lastverteilung und dadurch bedingte Überlastung der Stromnetze (z. B. extrem hohes Windenergieaufkommen an der Küste, aber fehlende Leitungskapazitäten zu den Industriezentren im Süden, die gerade an einer Unterversorgung leiden). Oft auch im Zusammenspiel mit negativen Effekten des Strommarktes.

- Plötzlicher Ausfall von hohen Energieerzeugungskapazitäten (d. h. mindestens mehrerer größerer Kraftwerksblöcke zur gleichen Zeit – eine Frequenzabweichung von 0,2 Hz wird im europäischen Verbundnetz erst bei einem plötzlichen Ausfall von ca. 3 GW erreicht)

  Anmerkung: Ein großes, länderübergreifendes Netz wie das europäische Verbundnetz wirkt stabilisierend, da der plötzliche oder geplante Ausfall von Erzeugerkapazitäten i. d. R. durch Stromlieferungen aus den Nachbarländern kompensiert werden kann. Der deutsche Atom- und Kohleausstieg lebt übrigens von der Hoffnung, dass dieser Ausgleichsmechanismus immer und unter allen Umständen funktioniert, denn Deutschland ist in Bezug auf die verfügbaren Erzeugerkapazitäten nur noch temporär autark.

- Von vergleichsweise „kleinen" Ursachen ausgehende Kaskadeneffekte wie beispielsweise das Ereignis vom 24.07.2021 (Kurzschluss einer Hochspannungsleitung durch das Wasser eines Löschflugzeuges).

- Extreme Naturereignisse, die zu massiven Schäden an der Stromnetzinfrastruktur führen (Vereisungen an Hochspannungsmasten haben diese schon zusammenbrechen lassen - „Münsterländer Schneechaos" von 2005; extreme Sonneneruptionen wie das Carrington-Ereignis von 1859; „Quebec-Blackout" vom 13. März 1989; Texas-Blackout im Februar 2021)

- Schaltfehler in Umspannwerken, Fehler bei Noteingriffen durch die Netzbetreiber; Fehler bei der Vorausplanung der Beiträge volatiler Energiequellen; negative Effekte des Energiemarktes; unerkannte Fehlerquellen in der IT-Infrastruktur

- Kriminelle und terroristische Aktivitäten (Stichwort: „Hacker"); Sabotageakte aus politischen oder ideologischen Motiven

  Anmerkung: Am 23. Dezember 2015 wurde der ukrainische Stromnetzbetreiber "Kyivoblenergo" Opfer eines Cyberangriffs mit dem Ergebnis, dass 30 Umspannwerke für drei Stunden vom Netz gingen. Etwa die Hälfte aller Haushalte in der Region Iwano-Frankiwsk (ca. 1,4 Millionen Einwohner) war von diesem dadurch bedingten Stromausfall betroffen. Aber auch erste Sabotageakte, deren Ziel der Ausfall der Stromversorgung war, konnten bereits registriert werden (z. B. München am 21. Mai 2021; Brandanschlag auf die Stromversorgung der Tesla-Baustelle in Grünheide am 25. Mai 2021).

- Gezielte Manipulationen im Strommarkt, die zu Fehleinschätzungen in der Lastprognose führen

  Anmerkung: Im Jahr 2021 hat die Bundesnetzagentur ein Bußgeld von 200.000 € gegen die Firma Energi Danmark A/S und 175.00 € gegen die Optimax Energy

GmbH verhängt, die versuchten, an der Energiebörse EPEX Spot SE Stromkontigente zu verkaufen, die real nicht vorhanden waren. Dadurch wurde ein wichtiger Regelmechanismus im Stromnetz außer Kraft gesetzt und es kam im Juni 2019 zu erheblichen Ungleichgewichten im deutschen Stromnetz, die nur unter hohen externen Aufwand ausgeglichen werden konnten.

- Extrem hoher Krankenstand im Bereich Energieerzeugung und Netzüberwachung, ausgelöst durch eine Pandemie

- Fehlende Brennstoffreserven für die Kraftwerke aufgrund fehlerhafter Lagerlogistik, ausgelöst durch stark steigende oder schwankende Gas- Öl- und Kohlepreise sowie dem Fehlen eigener Ressourcen

  Anmerkung: Am 9. Oktober 2021 brach im Libanon die komplette Stromversorgung zusammen, nachdem die Kraftwerke Zahrani (435 MW) und Deir Ammar (435 MW) wegen Brennstoffmangels abgeschaltet werden mussten, die ca. 40% des libanesischen Stroms produzieren. Erst nach Neubeschaffung von Brennmaterial (Öl, die beiden Kraftwerke werden mit Gasöl, einem Vorprodukt von Diesel, betrieben) konnte die Stromversorgung einige Tage später wieder angefahren werden.

Von allen diesen Punkten wird von der Politik die Mär vom Hackerangriff am häufigsten zitiert, obwohl zumindest in Deutschland gerade der erste und der zweite Punkt derjenige ist, der am meisten Kopfzerbrechen bereiten sollte.

Das er heute beim Management einer sicheren Elektroenergieerzeugung überhaupt eine Rolle spielt, ist nur der verkorksten deutschen „Energiewende“ zuzuschreiben, welche die Grundlastsicherheit durch den Einspeisevorrang sogenannter „Erneuerbarer Energie“ immer mehr – und explizit politisch gewollt – untergräbt **(als Grundlast wird die Belastung eines Stromnetzes bezeichnet, die in einem Land während eines Tages nicht unterschritten wird. In Deutschland liegt sie gegenwärtig in der Größenordnung von 40 GW, während die Jahreshöchstlast 80 GW übersteigt)**.

Irgendwie schon lustig ist es, wenn sich die „Politik“ dem lästigen Thema „Grundlast“ annimmt. Die Brisanz des Themas erkennend, hat man auch gleich eine Lösung parat – und zwar erdacht von den Energieexperten des „Deutschen Klima-Konsortiums“. Und wie sieht nun die Lösung aus? Lesen Sie selbst!

Die Dunkelflaute, also mangelnde Energieversorgung durch gleichzeitige Windstille und nicht scheinende Sonne, ist in Zeiten vernetzt-steuerbarer überregionaler und europaweiter Energieversorgung ein handhabbares Risiko. Der Sorge vor einem Blackout liegt die Vorstellung zugrunde, dass es großer Kraftwerke bedürfe, um die Grundlast zu sichern. Das Konzept "Grundlast" stammt aus dem traditionellen Denken der Stromversorgung, es wird im künftigen, klimaschonenden Energiesystem zunehmend überflüssig. Dessen ungeachtet sind auch Erneuerbare Energien grundlastfähig, die Sicherheit der Stromversorgung wird daher auch durch weitere Abschaltungen von Atom- und Kohlekraftwerken nicht gefährdet. (Quelle: deutsches-klima-konsortium.de)

Man definiert einfach den Begriff „Grundlast" neu – und zwar bar jedes technischen Sachverstands genau so, dass er ins ideologisch vernebelte Weltbild passt...

Interessant ist in diesem Zusammenhang auch die Beobachtung, dass die „Politik" in Bezug auf die „Energiewende" meist nur monetär oder ideologisch argumentiert („Klimaschutz", CO2-Vermeidung, „Wind und Sonne schicken keine Rechnung"), während der technische Aspekt so gut wie keine Rolle zu spielen scheint. Ja, man hat manchmal den Eindruck, dass bei denjenigen „Energiepolitikern", welche am lautesten die „Energiewende" einfordern, das Wissen über die technisch-physikalischen Grundlagen einer modernen Energieversorgung genauso rudimentär ist wie deren Kenntnisse über die Problematik „Klimawandel" und „Klimaschutz" (was das auch immer sein mag – **denn wie schützt man eigentlich ein lokales dreißigjähriges Mittel von „Wetter"?**), mit dem mittlerweile alle unüberlegten Eingriffe in ein gewachsenes komplexes und lebenswichtiges System begründet werden. Genauso verstörend ist dabei das offensichtliche Fehlen der Stimmen derjenigen, die es aufgrund ihrer fachlichen Ausbildung eigentlich besser wissen müssten (oder liegt es nur daran, dass sie in den Medien kein Gehör finden?). Aber das nur am Rande.

Welche Folgen ein Blackout für Deutschland haben wird, ist seit spätestens 2010 amtlich. Da erschien nämlich als Bundesdrucksache der Arbeitsbericht Nr. 141 des Büros für Technikfolgenabschätzung beim Deutschen Bundestag

(TAB) mit dem Titel „Gefährdung und Verletzbarkeit moderner Gesellschaften – am Beispiel eines großräumigen Ausfalls der Stromversorgung“. Von den Energiewende-Politikern scheint er aber kaum gelesen worden zu sein, obwohl er frei im Internet verfügbar ist:

http://www.tab-beim-bundestag.de/de/pdf/publikationen/berichte/TAB-Arbeitsbericht-ab141.pdf

Eine romanartige Aufarbeitung dieses Berichtes stellt das Buch „Blackout – Morgen ist es zu spät“ des österreichischen Autors Marc Elsberg dar, das jedem ans Herz gelegt werden soll, der auch Stephen King – Romane mag...

Im Folgenden werden an passender Stelle mit (TAB) gekennzeichnet und schräg (*italic*) gesetzt, Zitate aus diesem Bericht wiedergegeben, um die offizielle Sichtweise darzustellen (natürlich Stand 2010):

(TAB) Aufgrund der nahezu vollständigen Durchdringung der Lebens- und Arbeitswelt mit elektrisch betriebenen Geräten würden sich die Folgen eines ***langandauernden und großflächigen Stromausfalls*** *zu einer Schadenslage von besonderer Qualität summieren. Betroffen wären alle Kritischen Infrastrukturen, und ein Kollaps der gesamten Gesellschaft wäre kaum zu verhindern. Trotz dieses Gefahren- und Katastrophenpotenzials ist ein diesbezügliches gesellschaftliches Risikobewusstsein nur in Ansätzen vorhanden.*

Das überregionale Netzzusammenbrüche selbst innerhalb des als besonders sicher geltende europäischen Verbundnetzes nicht nur reine Theorie sind, zeigt der 4. November 2006, bei der bis zu 10 Millionen Haushalte quasi europaweit auf einmal bis zu 2 Stunden von der Stromversorgung abgeschnitten waren. Es handelt sich dabei um die bereits erwähnte „Emslandstörung". An diesem Beispiel ließ sich sehr gut studieren, wie eine verstärkte Einspeisung von Windkraft im Zusammenspiel mit einem Koordinierungsfehler der beteiligten Netzbetreiber (hier E.ON und RWE) zu einem länderübergreifenden Blackout (explizit waren Deutschland (der Auslöser), Belgien, Frankreich, Italien, Österreich und Spanien betroffen) geführt hat. Auslöser für dieses zeitlich noch gut beherrschbaren Ereignis war übrigens die planmäßige Abschaltung zweier Hochspannungsleitungen, welche den Fluss „Ems" queren, damit unter ihnen gefahrlos das auf der Meyer-Werft in Papenburg gebaute Kreuzfahrschiff „Norwegian Pearl" zur Nordsee fahren konnte. An diesem Ereignis konnte man in der Praxis die fatalen Folgen einer fehlerhaften bzw. ungenauen Lastflussberechnung im Zusammenspiel mit einem Kommunikationsproblems zwischen E.ON und RWE studieren, das sich durchaus zu einem länger anhaltenden Netzzusammenbruch mit allen damit im Zusammenhang stehenden Folgen hätte ausweiten können. **Es zeigt deutlich – wie auch noch einige andere Beinahe-Ereignisse, an dem Europa nur knapp an einer Katastrophe vorbeischrammte – dass ein länger andauernder überregionaler Blackout eben nicht nur eine theoretische Möglichkeit ist, sondern durchaus eine reale Gefahr für Leib und Leben darstellt, auf die man sich besser einstellen sollte.** Und diese Gefahr wächst, je mehr Grundlastkraftwerke durch „Flatterstrom" ersetzt und deren Momentanreserven („rotierende Massen") abgebaut werden. Auch dazu ein Beispiel. Der 28. März 2012 war im Norden und Nordosten Deutschlands ein sehr stürmischer Tag, welche den „Windmüllern" hohe

Einspeisevergütungen bescherte. Zu ihrer Freude strömte an diesem Tag besonders viel Windenergie in das „50 Hz Transmission“ – Übertragungsnetz und herkömmliche Kraftwerke mussten auf Sparbetrieb geschalten werden. Als dann plötzlich durch einen Defekt eine der drei Übertragungsleitungen in das Altbundesgebiet ausfiel, drohte trotz Notdrosselung konventioneller Kraftwerke und Schnellabschaltung von Windparks ein Blackout. Er ließ sich nur dadurch in letzter Minute abwenden, indem man die Pumpen der beiden Thüringer Pumpspeicherwerke Markersbach und Goldisthal anspringen ließ und damit Wasser in das Oberbecken pumpte. Auf diese Weise konnten innerhalb von Minuten ein Teil des überschüssigen Stroms aus dem Netz genommen und auf diese Weise ein Ansteigen der Netzfrequenz über die kritische Marke verhindert werden. Hier erkennt man die Wichtigkeit der Pumpspeicherwerke zur Stromnetzregulierung. Nur leider führt das im Rahmen der Energiewende erlassene „Erneuerbare-Energien-Gesetz“ dazu, dass sich Pumpspeicherwerke für die Betreiber wirtschaftlich nicht mehr lohnen, da ihr ursprüngliches Geschäftsmodell (Ausgleich mittäglicher Spitzenlast) aufgrund des massiven Zubaus von Wind- und Solarkraft zusammengebrochen ist.

Schnell anspringende Pumpspeicherkraftwerke sind essentiell, wenn es darum geht, schnell auf Strommangel- oder Stromüberschuss im Netz zu reagieren. Außerdem sind sie nativ schwarzstartfähig, was ihr eine Schlüsselrolle beim Neustart der Stromversorgung nach einem Blackout zuweist. Quelle: Wikimedia commons

Hacker-Szenario für einen Blackout

Wie sieht nun ein „ideales" Szenario zur bewussten Erzeugung eines Blackouts von der technischen Seite her aus? Darüber haben sich die Fachleute natürlich ihre Gedanken gemacht und sind zu folgendem Ergebnis gekommen: **Ein Blackout tritt immer dann ein, wenn sich ein genügend großer Leistungssprung (Frequenzsprung) schneller aufbaut als dass die automatische Frequenzregelung in der Lage ist, das damit verbundene Missverhältnis zwischen Erzeugung und Verbrauch von elektrischer Energie im Netz auszugleichen.** Dazu dient erst einmal die Summe der Rotationsenergien aller im Netz vorhandenen und im

Gleichklang mit der Netzfrequenz rotierenden Schwungmassen der Kraftwerksturbinen, bevor nach etwa 30 Sekunden Anlaufzeit die erste aktive Regelungsstufe folgt (die sogenannte Primärregelung, welche bei einer detektierten Frequenzabweichung die Turbinen entweder mehr befeuert oder bei Vorliegen einer Überfrequenz abbremst).

Weiterhin benötigt man eine Konstellation, die eine sogenannte Ausfallkaskade im Netz begünstigt. Diese Bedingungen sind beispielsweise dann gegeben, wenn zu einem Zeitpunkt der Anteil „erneuerbarer" Energie besonders hoch und deshalb (aufgrund von dessen Einspeisevorrangs gemäß dem EEG) die in den Kraftwerksturbinen der Kern-, Kohle- und Gaskraftwerke vorhandene konventionelle Regelleistung sehr gering ist, da sie ja heruntergefahren wurden. Windturbinen selbst können bekanntlich aufgrund der Volatilität des Windaufkommens genauso wie Solaranlagen selbst keinen Beitrag zur konventionellen Regelleistung liefern. Es gibt zwar Bemühungen, die in den Rotoren von Windkraftanlagen gespeicherte Rotationsenergie zu Regelzwecken zu nutzen. Das ist aber wegen der speziellen Anbindung von Windkraftanlagen an das Stromnetz und anderen damit im Zusammenhang stehenden Probleme nicht einfach und genaugenommen noch weitgehend Zukunftsmusik). Mehr „Wind" im Netz bedeutet hier konkret weniger rotierende Massen im Netz und damit eine geringere Regelreserveleistung innerhalb der ersten 30 Sekunden, bis die Primärregelung der Kraftwerke einspringen kann. Man stelle sich nun einfach vor, dass aufgrund günstiger Windbedingungen sehr viele On- und Offshore-Windparks nahe ihrer Nennleistung einspeisen. Erfolgt dabei gleichzeitig ein

Stromexport von einem Teilnetz in ein anderes, z. B. von Frankreich nach Großbritannien, dann kommt es aufgrund des Stromhandels entsprechend der Handelszeiten zu einem geplanten Leistungssprung. Wenn Hacker, die sich zuvor einen Zugriff auf die IT-Monokultur der Netzbetreiber verschafft haben, in krimineller Absicht synchron dazu plötzliche Lastabwürfe induzieren (indem sie beispielsweise (zukünftige) Smartmeter-Netze entsprechend manipulieren und mit ihrer Hilfe Teilnetze vom Verbundnetz trennen), dann kann das schnell zu einem überregionalen Netzzusammenbruch führen.

Eine andere, technisch bedeutend weniger anspruchsvolle Möglichkeit als es ein Angriff auf Computersysteme darstellt, ist die geplante und gezielte „mechanische" Zerstörung von Infrastruktur wie Umspannwerke und Hochspannungsmasten mit dem Ziel, nicht mehr beherrschbare Ausfallkaskaden im Netz zu verursachen.

Wie man an diesem Beispiel allein schon sehen kann, wird ein ehemals inhärent robustes Stromnetz durch die Einspeisung volatiler Energie in sich instabiler, was man durch computergestützte Regelmechanismen auf eine immer komplexer werdende Art und Weise auszugleichen versucht. IT-Systeme sind aber – selbst wenn sie nicht aktiv mit dem Internet verbunden sein sollten – immer ein potentielles Einfalltor für Hackerangriffe. Immerhin berichtet das Bundesamt für Sicherheit in der Informationstechnik (BSI) von einer Anzahl von Verdachtsfällen, bei denen zumindest schon von der kritischen Infrastruktur getrennte Büronetzwerke von Hackern infiltriert worden sein sollen.

Auf jeden Fall ist den Verantwortlichen die Gefahr bewusst und es wird alles getan, um eventuelle Cyberangriffe auf die Energieversorgung zu verhindern.

Kollaps des Stromnetzes aufgrund eines Sonnensturms

Das folgende Szenario, sollte es einmal eintreten, lässt sich technisch nicht verhindern, da die Ursache dafür von den Menschen unbeeinflussbar bei der Sonne liegt. Ich meine damit die Wirkung eines durch eine chromosphärische Eruption („Flare") auf der Sonne verursachten koronalen Massenauswurfs, welche die Erde trifft und hier einen sogenannten „geomagnetischen Sturm" auslöst. Darunter versteht man eine plötzliche Verstärkung des geomagnetischen Feldes, sobald eine Wolke solaren Plasmas die Erde erreicht und dessen geladene Teilchen vom Erdmagnetfeld eingefangen werden. Die dadurch verursachten elektromagnetischen Wirkungen aufgrund der Magnetfeldänderungen (Stichwort: Induktionsgesetz) können fatal sein, wie beispielsweise der „Quebec-Blackout" vom 13. März 1989 gezeigt hat.

An diesem Tag baute sich ein filmreiches Szenario in der kanadischen Provinz Quebec auf, als Hochspannungsleitungen zu glühen begannen und nach und nach Transformatoren durchbrannten mit dem Ergebnis, dass Stadt um Stadt und Ort und Ort im Dunkeln versanken.

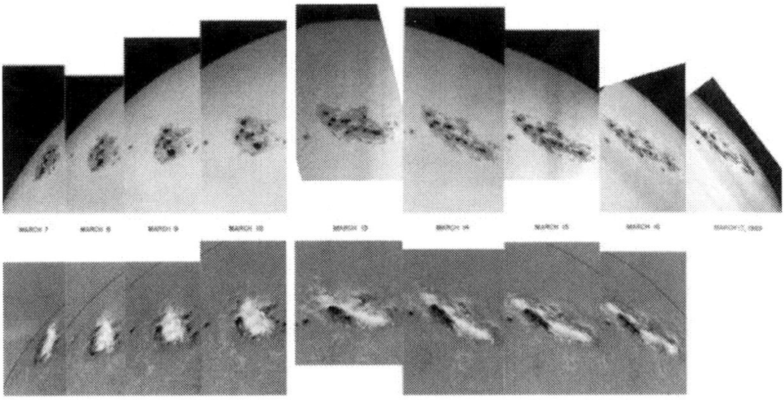

Entwicklung der Sonnenfleckengruppe 5395 (oben sichtbares Licht, unten Magnetogramm), innerhalb dessen sich zwei chromosphärische Eruptionen mit damit verbundenen koronalen Masseauswürfen ereigneten, in deren Folge es rund einen Tag später zum „Quebec-Blackout“ von 1989 kam. Quelle spaceweather.com

Zuerst gab das 735 kV-Netz von Quebec seinen Geist auf und sechs Stunden später versagte auch der 2000 MW starke Churchill-Fall-Komplex mit dem Effekt, dass innerhalb von 90 Sekunden die komplette Stromversorgung der Provinz kollabierte. Darauf folgte ein 12 stündiger Stromausfall, bei dem sich Millionen von Menschen plötzlich in dunklen Bürogebäuden und feststeckenden Aufzügen wiederfanden. Aufgrund des Ausfalls der Ampelanlagen sowie dadurch bedingten Unfällen brach der städtische Straßenverkehr zusammen und auch die Montreal Metro musste geschlossen werden. Weiterhin musste in der morgendlichen Hauptverkehrszeit der Dorval Airport schließen und den Reisenden blieb nichts weiter übrig, als mit ihren Koffern in den notbeleuchteten Hallen auszuharren.

Da die Außentemperaturen an diesem Tag bei -8° C lagen und in Kanada damals Elektroheizungen sehr beliebt waren, mussten viele Hunderttausende Menschen auch noch frieren, wobei 12 Menschen an Unterkühlung starben. Weil Signalanlagen ausgefallen waren, kam es auch noch in der benachbarten Provinz Alberta zu einem folgenschweren Zugzusammenstoß, bei dem es zwei Tote und 32 Verletzte gab. Später hat man den Gesamtschaden am Bruttosozialprodukt, den dieser „Quebec-Blackout" verursacht hat, auf 5 bis 6 Milliarden Dollar geschätzt.

Der „Prototyp" eines (heute) katastrophalen Sonnensturms ist das in der Aufzählung der Blackout-Ursachen bereits erwähnte „Carrington-Ereignis" von 1859. Damals beobachtete der Sonnenforscher Richard Carrington in seinem Fernrohr eine ungewöhnliche Erhellung im Bereich eines Sonnenflecks, dem zeitversetzt (ca. 17 Stunden) auffällige Polarlichter folgten, die in Kuba, im Norden Venezuelas, in Honolulu und in Europa selbst in Rom sichtbar waren. „Südlichter" ließen sich ungewöhnlicher Weise noch weit im Norden, in Santiago de Chile, beobachten. In den höheren nördlichen Breiten Europas und Nordamerikas wurden während dieses Ereignisses in Telegrafenleitungen so hohe Ströme induziert, dass selbst Papierstreifen in den Empfangsgeräten durch Funkenschlag Feuer fingen. Auf diese Weise wurde das gerade erst weltweit installierte Telegrafennetz massiv beeinträchtigt, ohne dass man die Ursache dafür gleich erkannte. Heute weiß man, dass das Carrington-Ereignis der bisher stärkste je beobachtete Sonnensturm war, der die Erde getroffen hat. Vor Jahren nahm man noch an, dass es im Schnitt nur alle 500 Jahre zu einem vergleichsweise ähnlich starken Sonnensturm kommen wird. Neuere Forschungen legen aber nahe, dass man mit weitaus kürzeren Abständen rechnen muss. Die NASA gab beispielsweise vor einiger Zeit bekannt, dass ein ähnlicher „solarer Supersturm“ die Erde am 23. Juli 2012 nur knapp verfehlt hat.

Auroral Display.

BOSTON, September 2.—The auroral display of last night was so brilliant after midnight that ordinary print could be read by its light. It considerably impeded the working of the telegraph lines, and its effects were continued up to noon of to-day. The auroral current from East to West was so regular that the operators on the eastern lines could send messages to this city without the usual batteries being applied; the same extraordinary effect was apparent on the National telegraph wires between Philadelphia and Pittsburg.

Ausschnitt eines Artikels des „Louisville Daily Courier“ vom 3. September 1895 über die – wie wir heute wissen – vom Carrington-Ereignis hervorgerufene Polarlichter über Boston.

Während man im Jahre 1895 das „Carrington-Ereignis“ in der Öffentlichkeit trotz der Einschränkungen in der Telegrafie eher als „Kuriosität“ wahrgenommen hat, wären die Folgen heute so extrem, dass man sie sich kaum realistisch vorstellen kann. Denn ganz unabhängig von einem wahrscheinlich dann kontinentalweiten Zusammenbruch der Stromversorgung (die auch nicht wieder so leicht instand gesetzt werden kann, da die auftretenden Spannungsspitzen quasi irreversible Hardwareschäden an großen Transformationsanlagen anrichten werden, die gänzlich zu beheben dann wohl Jahre dauern wird) kommt es zu massiven Störungen bis hin zum Totalausfall des weltweiten

GPS-Systems und der Satellitenkommunikation. Ganz konkret bedeutet das, dass mit der Satellitentelefonie eine der letzten weitreichenden Kommunikationskanäle nicht mehr zur Verfügung stehen wird. Aber wenn man diese Folgen eines Sonnensturms vor Augen hat, kann man etwas tun, um diese Folgen zumindest abzumildern. Da man bis zum Eintreffen des solaren Partikelstroms etwas mehr als einen dreiviertel Tag Zeit hat, lassen sich durchaus einige Maßnahmen ergreifen, welche die kritische Infrastruktur unserer Gesellschaft schützen. Dazu ist eine Vorhersage von derartigen Ereignissen unabdingbar und auch schon teilweise durch entsprechend positionierte Sonnenbeobachtungssatelliten technisch realisiert.

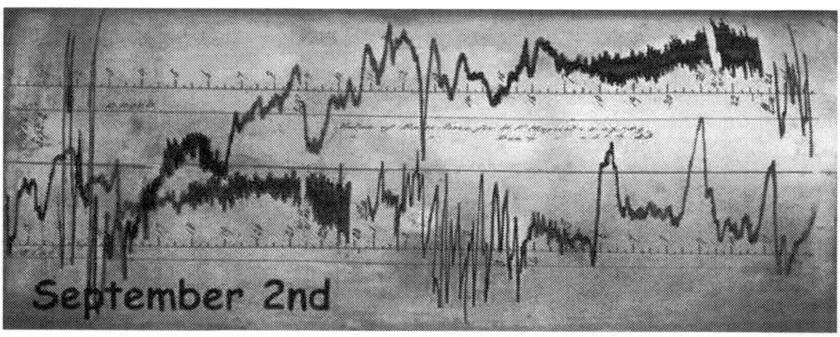

Dieses Foto zeigt ein Magnetogramm, welches während des Carrington-Ereignisses von 1859 am Greenwich-Observatorium in London aufgezeichnet wurde. Quelle: British Geological Survey

Das Stichwort dazu ist „Weltraumwetter“ („Space Weather“). Damit soll ein sicheres temporäres Abschalten der Stromnetze gewährleistet werden, um deren völlige Zerstörung zu vermeiden. Auch Satelliten lassen sich oftmals in eine Art „Ruhezustand“ überführen, in dem sie die Auswirkungen eines Sonnensturms besser trotzen können.

Selbst wenn alle Sicherheitsmaßnahmen greifen, wird so etwas wie das Carrington-Ereignis in einer hochtechnisierten Welt wie heute kaum bezifferbare Schäden anrichten. Also nicht nur menschengemachte Probleme und Naturkatastrophen bedrohen unsere Energieversorgung. Auch kosmische Einflüsse können sie gefährden.

Ausfall des Netzes aufgrund von dessen Komplexität

Der Ursprung der Vernetzung Europas mit elektrischen Leitungen, die elektrische Energie mittels Dreiphasen-Wechselstrom übertragen, begann im letzten Jahrzehnt des 19. Jahrhunderts. Ein Schlüsselereignis war dabei die Internationale elektrotechnische Ausstellung des Jahres 1891, die in Frankfurt a. M. stattfand. Ihre Hauptattraktion war die Demonstration einer „Drehstromübertragung" zwischen Frankfurt a. M. und dem 176 km entfernten Ort Lauffen bei Heilbronn (wobei in Lauffen der Generator stand und in Frankfurt die Lampen leuchteten). Diese Demonstration führte auch die Vorteile des Wechselstroms (Transformierbarkeit in unterschiedliche Frequenzebenen) gegenüber dem Gleichstrom vor Augen und war der Ausgangspunkt für die folgende Elektrifizierung ganz Europas und darüber hinaus. Dieses historische entstandene „Netz" aus Erzeugern, Umspannwerken, Transformatoren und Verbraucher bildet heute das Europäische Verbundsystem, dem fast alle Staaten Europas (Ausnahmen sind die Verbundsysteme Nordeuropas NORDEL, Großbritanniens (UKTSOA) und des Baltikums / Ukraine) sowie einige Staaten Nordafrikas angehören. Sie alle sind phasengleich im kontinentaleuropäischen Verbundnetz (EV) mit einer Frequenz von 50 Hz vernetzt. Dieses Verbundnetz wird i. d. R. in sieben Spannungsebenen betrieben und ist in seiner Gesamtheit ein sich in gewissen Grenzen selbst stabilisierendes System (die Regelgröße ist die Netzfrequenz) sehr hoher Komplexität.

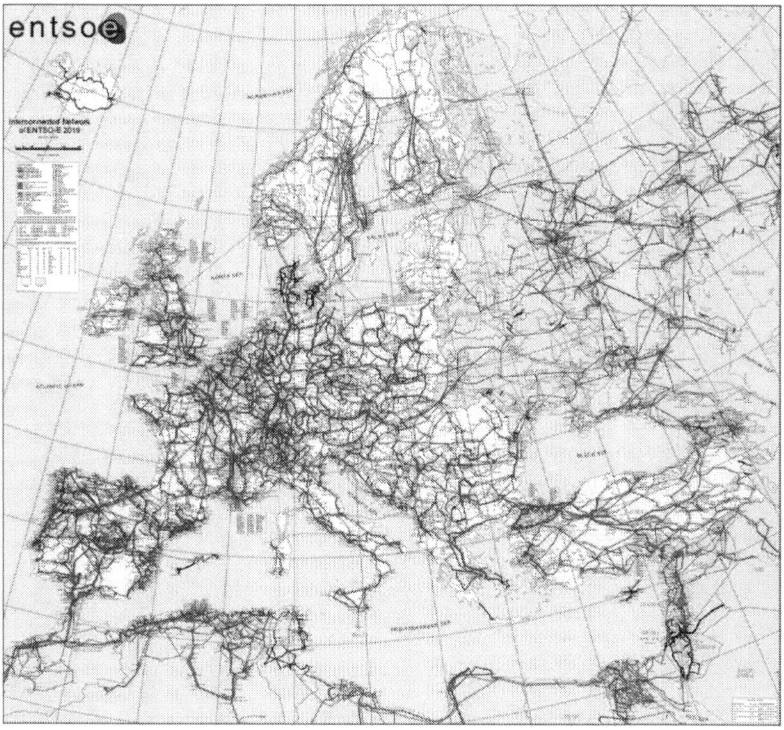

Kontinentaleuropäisches Stromnetz. Quelle: ENTSOE

Und das führt zu inhärenten Problemen, die sich auf die Ausfallsicherheit des gesamten Netzes oder von Teilnetzen auswirken können. Oder anders ausgedrückt: Es gibt Situationen, wo der Ausfall eines lokalen Teilsystems über eine Art schwer beeinflussbarer Kettenreaktion zum Ausfall eines weitaus größeren Systems (man denke an das Emslandstörung) bis hin zum Gesamtsystem (europaweiter

Blackout) führen kann. Dem muss die Sicherheitsarchitektur des Netzes Rechnung tragen. Die Idee, die dahinter steckt, ist Folgende: Fällt irgendein Teil des Netzes aus, dann muss das Stromnetz weiterhin in der Lage sein, seine Aufgabe zu erfüllen. Systemtheoretisch bedeutet das, dass das Netz bei einer Störung automatisch in einen neuen Zustand übergehen muss, in dem es genauso funktioniert wie vor der Störung. Das ist die Theorie, wie sie in der Praxis i. d. R. auch sehr gut funktioniert. Es sind aber Störfälle denkbar und auch schon vorgekommen, wo eine Störung zu einer Folgestörung und diese wieder zu einer Folgestörung führen, die sich dynamisch (d. h. in Form einer Kaskade) im Netz ausbreiten und es zum Ausfall bringen können. Solche „dynamisch induzierten Kaskaden" werden mittels Computersimulationen in Beispielnetzen untersucht um Methoden zu finden um einmal deren Auftrittswahrscheinlichkeiten einzuschätzen und zum anderen um Verfahren zu entwickeln, die das Netz gegenüber solchen Störfällen robuster machen. Und hier gibt es eine Art „Interessenkonflikt", um den zu verstehen erst einmal etwas genauer auf den Regelmechanismus eines Stromnetzes einzugehen ist. Wie bereits erwähnt, zeigt die Frequenz an, ob das Netz im Gleichgewicht arbeitet (d. h. ob die Erzeugung und der Verbrauch von elektrischer Energie im Netz genau austariert ist) oder es Abweichungen (Frequenzerniedrigung, wenn Verbrauch Erzeugung übersteigt; Frequenzerhöhung, wenn Erzeugung Verbrauch übersteigt) gibt. Das Ziel des Regelkreises ist es also, die Netzfrequenz im gesamten Netz innerhalb eines kleinen Toleranzbereiches (50 ± 0.1 Hz) konstant zu halten. Wird dieser Toleranzbereich verlassen, kommen nach und nach verschiedene Regelstufen zum Einsatz, welche die Netzfrequenz bei einer entsprechenden Abweichung wieder auf den Sollzustand bringen. Gelingt das nicht, ist ein Blackout unvermeidlich.

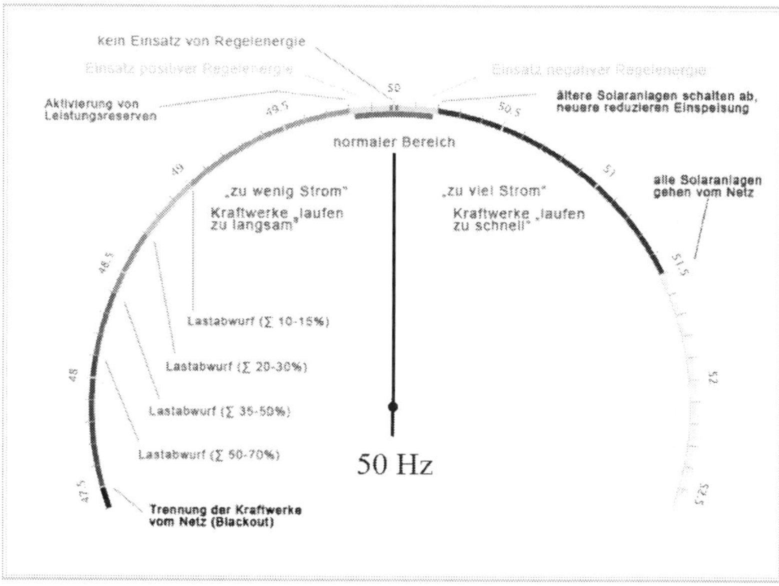

Netzfrequenz als Regelgröße für das Gleichgewicht zwischen Einspeisung und Verbrauch in einem Wechselstromnetz. Das Diagramm zeigt die bei bestimmten Abweichungen greifenden Regelmechanismen. Quelle: saurugg.net

Möchte man die Frequenz konstant halten, dann muss die Differenz zwischen erzeugter und abgenommener Leistung für den entsprechenden Zeitpunkt irgendwie ausgeglichen werden. Dazu ist die sogenannte Regelleistung zuständig. In einer ersten Stufe, die als „**Momentanreserve**" bezeichnet wird, nutzt man dazu – wie bereits mehrfach erwähnt – die Rotationsenergie aus, die in den trägen Massen der rotierenden Kraftwerksturbinen gespeichert ist. Übersteigt der Energieverbrauch die Energieeinspeisung, so führt das zu einer Abbremsung der Turbine, da ihr die entsprechende Differenz an Rotationsenergie als Regelenergie entzogen wird. Der Regelkreis ist dabei so ausgelegt, dass dieser Mechanismus ungefähr eine halbe Minute zur Verfügung steht und vollkommen autonom funktioniert. Das reicht aus, um im Bedarfsfall die sogenannte **Primärregelung** zu aktivieren, wenn die Frequenzabweichung das „Totband" von 50 ± 0.1 Hz verlassen hat. Anschaulich bedeutet das, dass man z. B. auf eine Dampfturbine „mehr Dampf" gibt um diese wieder auf die genau 3000 Umdrehungen pro Minute zu bringen, in dem man die Kessel eines Kohlekraftwerks stärker beheizt oder bei Kernreaktoren (insbesondere Leichtwasserreaktoren), über die Regelstäbe deren Leistungsabgabe entsprechend neu einreguliert. Auch das Zuschalten von in Teillast, d. h. in Reserve fahrenden Kraftwerken, ist Bestandteil der Primärregelung. Reicht das nicht aus, springt nach spätestens 5 Minuten die **Sekundärregelung** an, die in erster Linie in der Aktivierung von Pumpspeicherwerken, Gaskraftwerken und speziell dafür ausgelegten Kohlekraftwerken besteht. Bei Stromüberfluss wird dabei Wasser in einem Pumpspeicherwerk vom Unterbecken in das (hoffentlich weitgehend leere) Oberbecken gepumpt und bei Strommangel das Wasser aus dem zu diesem Zeitpunkt hoffentlich gefüllten Oberbecken über die Turbinen geleitet. Reicht auch das nicht aus, gibt es noch die sogenannte **Tertiärregelung**, bei der automatisiert entweder Verbraucher zugeschaltet (bei Stromüberfluss) oder Verbraucher (beispielsweise in Form sogenannter virtueller Kraftwerke aus Blockheizkraftwerken und neuerdings speziellen Windparks) abgeschaltet (also bei Strommangel) werden. Versagt auch dieser Regelmechanismus, dann bleibt nur noch der sogenannte **Lastabwurf** als letzte Maßnahme, um einen totalen Netzzusammenbruch bei zu geringer Erzeugerkapazität zu vermeiden. Darunter versteht man die vertraglich vereinbarte Abtrennung geeigneter Großverbraucher vom Netz wie Aluminiumhütten, Glaswerke, Zementfabriken oder Kühlhäuser oder, im Extremfall, von ganzen Stadtbezirken etc.

Große Generatoren wie diese des Saalachkraftwerks in Bad Reichenhall liefern mit ihren rotierenden Massen die für die Selbststabilisierung eines Stromnetzes unabdingbare „Momentanresever" Quelle: VBEW

Dieser hier nur grob beschriebene Regelkreis ist sehr robust, da er eine positive Rückkopplung ausnutzt. Deshalb waren zu Zeiten, als es noch keine fluktuierenden Energieeinspeiser in Form von Windkraftanlagen und Solaranlagen auf dem Markt gab, kaum Eingriffe in das System („Redispatch" genannt) notwendig. Heute sieht die Sache völlig anders aus, womit wir wieder beim Thema sind.

Ganz wesentlich für die Grundstabilität eines Stromnetzes ist die Momentanreserve, die durch die Rotationsenergie der trägen Massen der Dampf- und Gasturbinen gegeben ist. „Erneuerbare“ Energien in Form von Windkraft- und Solaranlagen können dazu nichts oder nur wenig beitragen. „Wenig“ bedeutet hier, dass es durchaus Bemühungen gibt (beispielsweise in modifizierten Windkraftanlagen oder mittels virtueller Windparks), auch diese Stromerzeuger als Regeldienstleister einzuspannen, was aber viele und zu einem großen Teil noch ungelöste technische Probleme aufwirft. Im gegenwärtigen Zustand und verschärft durch den Einspeisevorrang des EEG's wirken sich die volatilen Erzeuger eher kontraproduktiv auf die Netzsicherheit aus, was man u. a. versucht durch eine Erhöhung der Komplexität des Netzes (Stichwort „Smarte“ Netze) auszugleichen. Mit dem stetigen Ausbau der „Erneuerbaren“ Energien nimmt nämlich durch Stilllegung konventioneller Kern- und Kohlekraftwerke ohne adäquaten Zubau von Gaskraftwerken die Momentanreserve im Gesamtsystem ab, was sich in deren kleiner werdenden Verfügbarkeitsdauer (Soll 30 Sekunden) widerspiegelt. Die Wahrscheinlichkeit, dass der Regelkreis einmal versagt, nimmt damit zu. Die „Politik“ glaubt zwar, diesem Problem durch ein intelligentes Management lösen zu können („Spitzenglättung“) und verkennt dabei total, dass komplexe Systeme (Stichwort „Selbstorganisierte Kritizität“) mit steigendem Komplexitätsgrad immer schwerer zu beherrschen sind. Kleine Störungen können dann schnell das gesamte System auf eine unvorhersehbare Weise beeinflussen, was im Fall eines kontinentalen Verbundnetzes katastrophale Folgen haben kann. Zwar lässt sich durch ein entsprechendes Management bei kritischen Situationen eine gezielte Netzaufspaltung in verschiedene Inselnetze realisieren, die dann bis zur Resynchronisation quasi autark (aber bei unterschiedlichen Frequenzen) arbeiten. Damit vermeidet man den Ausfall des gesamten Verbundsystems. Aber es können immer noch – und das sogar mit recht hoher Wahrscheinlichkeit – komplette Teilnetze ausfallen, d. h. einen Blackout erleiden.

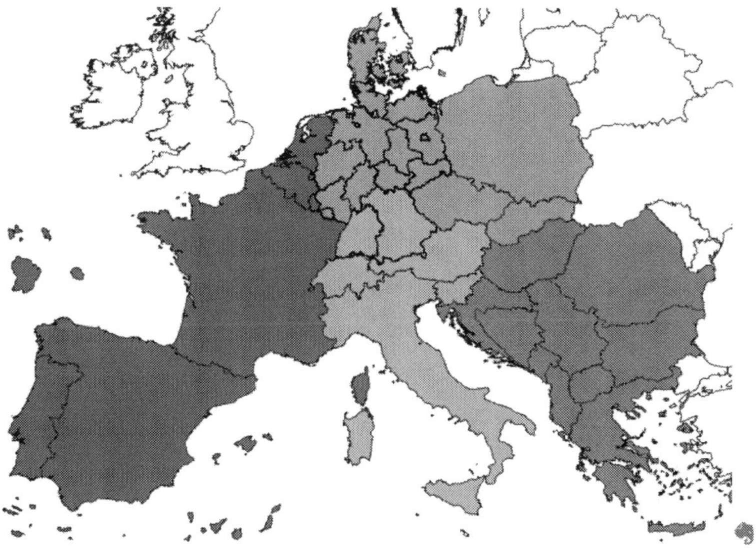

Systemaufspaltung des Europäischen Verbundnetzes bei einer 4-Zonen-Störung. Quelle: Lutum und Tappert

Allein schon unter dieser Prämisse war und ist es unverantwortlich, ein stabiles bestehendes System (das sogar während des letzten Weltkriegs weitgehend zufriedenstellend funktionierte) durch ein instabiles System zu ersetzen, ohne entsprechende Speicherkapazitäten parallel aufzubauen und eine sichere Momentanreserve vorzuhalten. Auch das ist ein Grund dafür, warum niemand auf der Welt die verkorkste Energiepolitik Deutschlands mit dessen visionären „100% Ökostrom“ mitzumachen bereit ist.

Es wird also klar, dass Unfälle und Katastrophen nicht in Einzelfällen und nur aufgrund von menschlichem Versagens auftreten. Sondern die Wahrscheinlichkeit eines Störfalls, der zu einem Unfall oder einer Katastrophe wird, steigt mit zunehmender Komplexität und Kopplung eines Systems. Je komplexer und je enger gekoppelt ein System ist, umso effizienter ist es auch. Aber in gleichem Maße steigt die Wahrscheinlichkeit eines unvermeidbaren Unfalls, der aufgrund der komplexen Interaktion der Komponenten nicht oder kaum beherrschbar ist. Katastrophen sind also normal, ihnen kann nur versucht werden durch Antizipation der möglichen Folgen in alle Richtungen entgegenzuwirken. Aufgrund der unvorhersehbaren Wechselwirkungen wird man sie aber nie sicher machen können. Wenn Unfälle aber unvermeidbar sind, muss man sich entscheiden bei welchem Nutzen man, welche Risiken, in Kauf nehmen will.

Ortwin Renn, Risikoforscher

Es ist immer ratsam im Sinne eines Risikomanagement seine Handlungen an der Eintrittswahrscheinlichkeit eines Ereignisses auszurichten. Das ist aber nur eine Seite der Medaille. **Im Fall der Stromversorgung sollten sich die Maßnahmen für dessen Sicherstellung nicht an irgendwelchen Eintrittswahrscheinlichkeiten orientieren, sondern am Ausmaß der Konsequenzen, die eintreten, wenn sie einmal zusammenbrechen sollte.** Der nicht nur in Deutschland forcierte Umbau der Stromversorgung auf immer mehr volatile Erzeuger statt auf regional verteilte leistungsstarke Grundlastkraftwerke zu setzen, nimmt auf diesen Lehrsatz leider keine Rücksicht. Denn ansonsten hätte man erst die für die sichere Systemeinbindung von unzähligen Windkraft- und Solaranlagen notwendigen Speichertechniken entwickelt, als es genau anders herum zu machen. Es wäre richtiger gewesen, wenn man bei der Ausgestaltung unserer kritischen Infrastruktur mehr Augenmerk auf deren langfristige Ausfallsicherheit anstatt auf Maßnahmen der Effizienzsteigerung, Optimierung und Wachstum gelegt hätte. **Das Schlimmste aber ist, dass man sie einem ideologischen Akkusativ unterworfen hat, nach der die Abwendung einer fernen, rein hypothetischen Katastrophe („Klimatot der Menschheit") dazu führt, dass die damit verbundenen Maßnahmen die Eintrittswahrscheinlichkeit einer realen Katastrophe in der Gegenwart massiv befördern.**

Blackout aufgrund einer nicht beherrschbaren Dunkelflaute – Wetterlage

Das Wort „Dunkelflaute" huscht erst seit der Zeit durch die Fachliteratur, als in Deutschland der Ausbau der Wind- und Solarenergieanlagen ein Volumen erreichte, ab der ihr Anteil an der jährlichen Gesamtproduktion an Strom gegenüber den konventionellen Energieerzeugern (auch aufgrund ihrer bevorzugten Einspeisung ins öffentliche Stromnetz) eine gewisse Relevanz erreichte (mittlerweile (2020) Windkraft 46%, Solarenergie 9%). Es zeigte sich nämlich, dass es im Jahr ab und an (wenn auch selten) Wetterlagen gibt, wo deren Leistungsabgabe vernachlässigbar klein ist. Und diese Wetterlagen werden „Dunkelflauten" genannt, weil überregional kein Windaufkommen herrscht („Flaute“) und eine geschlossene Wolkendecke auch tagsüber die Produktion von Solarenergie mehr oder weniger stark einbrechen lässt. Ihren Part müssen dann zwangsweise konventionelle Kraftwerke mit übernehmen. Das bedeutet, dass man, wenn man in Bezug auf die Elektroenergie als Land eine gewisse Autarkie anstrebt, zu jedem Zeitpunkt die Produktionskapazität der volatilen Erneuerbaren durch ein gleich leistungsstarkes konventionelles Backup komplett absichern muss. Andernfalls müssen für diese Zeiträume sicher verfügbare Exportkapazitäten zur Verfügung stehen, um das Gleichgewicht zwischen Energieerzeugung und Verbrauch sicher zu stellen. Gelingt das nicht (z. B. weil die Nachbarn gerade nicht liefern können oder wollen), drohen Lastabwürfe bis hin zum Blackout.

In Zeiten von Dunkelflauten werden enorme Backup-Kraftwerksleistungen benötigt, um den Ausfall der volatilen „Erneuerbaren“ abzufangen. Das ist extrem teuer, da sie über das Jahr hinweg nur wenige Tage am Netz sind und ansonsten nicht benötigt werden.
Quelle: auroraer.com

Tritt eine solche Wetterlage im Winter auf, bei der ein längerfristig geringes Angebot an Wind- und Solarenergie mit einer besonders hohe Nachfrage aufeinander treffen, dann spricht man von einer „kalten Dunkelflaute".

Das Wetterphänomen der „kalten Dunkelflaute" tritt einerseits oft im Spätherbst und insbesondere im Winter auf, wenn über mehrere Tage oder sogar Wochen Windstille und trübes Herbst- oder Winterwetter herrschen. Das ist z. B. bei einem stabilen „Russlandhoch" der Fall, welches sich durch tiefe Temperaturen, so gut wie keine Luftbewegungen und einer dichten Hochnebeldecke auszeichnet und dabei noch große Teile Kontinentaleuropas überdeckt. Zeitgleich ist wegen der tiefen Temperaturen die Stromnachfrage überdurchschnittlich hoch, weil in vielen Ländern die Elektroheizungen auf Maximalbetrieb gestellt sind. Aber auch im Frühjahr wurden schon Wetterlagen beobachtet, bei der über mehrere Tage die Produktion „erneuerbarer" Energie vollkommen eingebrochen ist.

So herrschte zwischen dem 16. und dem 25 Januar 2017 über ganz Deutschland Nebel und fast totale Windstille. Kein Windrad drehte sich im Wind und auch die Solarzellen erreichte selbst zu Mittag nur ein trübes Dämmerlicht. Wie das Agorameter zeigt, lieferten die damals 97 GW an installierter Leistung von Wind- und Solaranlagen gerade einmal im Durchschnitt 4,6 GW, während die benötigte Leistung in Deutschland zu diesem Zeitpunkt ca. 75 GW betrug. Die konventionellen Kraftwerke mussten daher einen Großteil des deutschen Strombedarfs decken. Zu Mittag des 24.

Januars sah dann die Einspeiseleistung im Detail folgendermaßen aus:

Erzeugerart	24.01.2017 12:00 Uhr	Installierte Leistung 2017
Biomasse	5,364 GW	7,69 GW
Wasserkraft	1,179 GW	4,80 GW
Wind, Offshore	0,377 GW	5,41 GW
Wind, Onshore	0.685 GW	50,17 GW
Solaranlagen	2,282 GW	42,29 GW
Konventionell	73,614 GW	90,13 GW

An diesem Tag mussten die konventionellen Kraftwerke (Kernkraftwerke, Kohle-, Gas – und Ölkraftwerke) sogar über 90% der Stromproduktion stemmen.

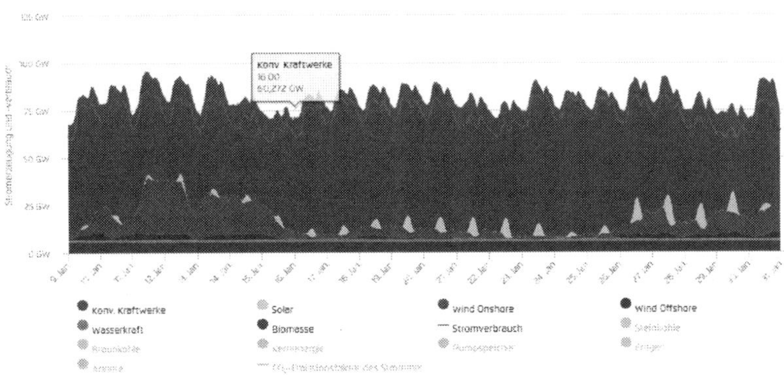

Beispiel einer typischen „kalten Dunkelflaute" – hier im Januar 2017. Quelle: Agorameter

Dabei erreichen sie einen Auslastungsgrad von knapp 82% in Bezug auf die konventionell installierte Leistung, während die „Erneuerbaren" Wind und Solar nur 0,42% der installierten Leistung lieferten. Auch deren massiver Ausbau hilft hier nicht wirklich weiter, wie man sich leicht selbst überlegen kann.

Der Fehler der „Politiker“ ist es, dass sie nur die Durchschnittswerte der Stromproduktion über das Jahr gerechnet sehen und kommunizieren („Wir sind Exportweltmeister im Stromhandel Dank der Erneuerbaren“), **während es für die Systemsicherheit auf die momentane Verfügbarkeit ankommt.** So kann selbst ein durchaus moderater Abbau der konventionellen Erzeugerkapazität trotz massiven Zubaus „Erneuerbarer“ an Tagen einer Dunkelflaute zu einer Unterdeckung des Stromverbrauchs führen, wenn die Importkapazitäten aus den Anrainerländern ausgeschöpft sind. Und das bedeutet im *worst case* schlicht und einfach „Blackout“.

Längere Dunkelflauten sind nicht häufig (im Jahr 2018 gab es z. B. keine, welche die Dauer von zwei Wochen überschritt), treten aber trotzdem hin und wieder einmal auf. Im Zeitraum zwischen 1995 bis 2005 konnte man im Schnitt in Deutschland zweimal im Jahr Dunkelflauten von mehr als 2 Tagen Dauer registrieren. Betrachtet man dagegen Kerneuropa, dann tritt diese Situation durchschnittlich alle 5 Jahre einmal auf.

Für die Versorgungssicherheit werden diese Zeiten immer kritischer, da durch den Atom- und (geplanten) Kohleausstieg in Deutschland bereits ab 2022 über 21 GW an konventioneller Kraftwerksleistung fehlen werden (entspricht knapp der Hälfte der in Deutschland verfügbaren Nennleistung von Onshore-Windkraftanlagen). Um die damit enorm gestiegene Gefahr einer Unterdeckung der Stromversorgung an kritischen Tagen zu vermeiden, müsste man kurzfristig massiv in den Ausbau von Gaskraftwerken investieren (was aber z. Z. nur zögerlich erfolgt). Ein massiver Ausbau von Windkraft und Solarkraft ohne adäquate Speichertechnologien – siehe Tabelle oben – kann das prinzipiell nicht leisten. Die Energiesicherheit Deutschlands zu Zeiten von Dunkelflauten hängt damit auf Gedeih und Verderb von Stromimporten aus dem europäischen Ausland ab, möchte man hässliche Brownout-Szenarien vermeiden.

Wiederaufbau eines funktionsfähigen Netzes nach einem überregionalen Blackout

Viele Leute glauben – auch aufgrund von Erfahrungen mit kurzen lokalen Stromausfällen – dass die Wiederherstellung einer stabilen Stromversorgung nach einem Blackout ganz leicht, quasi durch Betätigen eines dafür vorgesehenen Schalters, zu bewerkstelligen ist. Dem ist aber nicht so. Auch hier spielt die Netzfrequenz neben der Verfügbarkeit geeigneter schwarzstartfähiger Kraftwerke eine wichtige Rolle. „Schwarzstartfähig“ bedeutet hier, dass das Anfahren eines Kraftwerks ohne externe Stromquelle möglich sein muss. Und dazu sind nur spezielle, schwarzstartfähige Kraftwerke in der Lage. Ein normales Kohlekraftwerk oder auch ein Kernkraftwerksblock benötigt beispielsweise selbst eine beachtliche Menge an elektrischer Energie zum Eigenbedarf, um selbst wieder hochfahren zu können. Dazu reichen Notstromdiesel oder Akkumulatoren nicht aus. Sie können aber zum Start spezieller Gasturbinen verwendet werden, die wiederum den Strom für den Schwarzstart liefern. Aber auch Windkraftanlagen oder spezielle Batteriespeicher können u. U. unterstützend eingesetzt werden, um den benötigten Strom für einen Schwarzstart zu liefern. Natürlich müssen die entsprechenden Kraftwerksblöcke speziell für diesen Zweck ausgelegt sein. Das trifft aber i. d. R. nur auf wenige Wärmekraftwerke zu. Aus diesem Grund sind Wasserkraftwerke und (gefüllte) Pumpspeicherwerke gewöhnlich der Ausgangspunkt, um ein daniederliegendes Stromnetz wieder in Betrieb zu nehmen. Glücklich sind in diesem Fall die Länder, die dafür die entsprechende Infrastruktur besitzen (wie beispielsweise Österreich). Ein Netzaufbau mittels Solarzellen und Windkraftanlagen ist praktisch ausgeschlossen. Diese Art von Anlagen stören eher dabei. Man kann davon ausgehen, dass deren Erzeugerkapazität erst am Ende, nachdem das Netz wieder einigermaßen verlässlich funktioniert, nach und nach zugeschaltet wird. Außerdem benötigt man zuerst einmal Blindleistung, also „jenen Stoff“, der zwar keine Turbinenwelle zum Rotieren bringt, sondern erst einmal die elektrischen und magnetischen Felder aufbaut und aufrechterhält, ohne die bekanntlich kein Stromfluss möglich ist. **Kurz gesagt, der Neuaufbau eines Stromnetzes ist alles andere als eine triviale Aufgabe.** Beginnend mit einer „Insel“ müssen nach und nach weitere Erzeuger und parallel dazu natürlich auch Verbraucher phasengenau zugeschaltet werden. Und dabei kann einiges schiefgehen, so dass es passieren kann, dass man wieder von vorn beginnen muss. Dazu nur ein Problem als Denkanstoß. Nach einem Blackout werden sicherlich viele Verbraucher ihre elektrischen Geräte nicht explizit vom Netz trennen, also z. B. die gerade noch laufende Waschmaschine oder den Fernseher ausschalten (sie sind ja schon aus!). Wenn der Strom wieder da ist, weil das entsprechende Netzsegment wieder unter Spannung gesetzt wird, werden auch diese nicht explizit ausgeschalteten Verbraucher wieder mit Strom versorgt. Der Netzbetreiber, der ja penibel auf die Gleichheit von Erzeugung und Verbrauch achten muss, hat natürlich keine Anhaltspunkte, höchstens Schätzungen, wie hoch der Verbraucheranteil in dem Segment im Moment des Zuschaltens ist. Im ungünstigsten Fall bricht das Netz gleich wieder ganz oder segmentweise (Dominoeffekt) zusammen. Den letzteren Effekt konnte man im Jahre 2003 beim Northeast-Blackout in den USA beobachten, als beim Startversuch durch Überlastung ein Segment ausfiel und dabei in einer Art Dominoeffekt nach und nach benachbarte, schon „stabile" Elemente mit in den Abgrund riss bis schließlich die halbe Ostküste ohne Stromversorgung dastand. Da man solche Szenarien kaum in praxi ausprobieren kann, hilft man sich hier mit Computersimulationen aus, um eine optimale Zuschaltstrategie zu entwickeln. Insbesondere versucht man durch sogenannte „smarte Grids", also „intelligente Stromnetze", solche Probleme in den Griff zu bekommen. Es gibt da viele interessante Entwicklungen, die mittlerweile auch schon beim Endkunden in Form neuer Stromzähler angekommen sind. Auch werden mittlerweile Hochspannungsnetze weitgehend „smart" (d. h. „intelligent" mittels Computer) administriert. Die echten Herausforderungen liegen aber im niederfrequenten Verteilnetz. Das, was früher, in alten Zeiten, dem Stromnetz inhärent war, nämlich seine Selbststabilisierung, muss heute zu Zeiten der massenhaften Einspeisung von Energie aus volatilen Quellen bei gleichzeitigem Abbau der konventionellen Erzeugerkapazitäten mit Computerhilfe per komplexer Software gemanagt werden.

Und, erinnern Sie sich noch, was der Risikoforscher Ortwin Renn, zum Thema Komplexität gesagt hat? (Zitat Ende des Kapitels „Ausfall des Netzes aufgrund von dessen Komplexität").

Resümee: Am Ende kann man nur hoffen, dass ein Schwarzstart nach einem überregionalen Blackout auch wirklich schnell gelingt. Jeder Blackout, der länger als eine Woche anhält, führt zu irreversiblen Schäden aufgrund des damit bedingten Ausfalls der kritischen Infrastruktur eines Landes.

Die gute Nachricht in diesem Zusammenhang ist, dass zumindest die Computersimulationen der großen Netzbetreiber sagen, dass ein Schwarzstart jederzeit möglich ist. Aber ob das auch in der Praxis so sein wird, kann erst der eingetretene Katastrophenfall zeigen. Und da wirken Effekte, die in keiner Simulation abgebildet werden. Man denke nur an das dafür notwendige Fachpersonal. Wie wird es sich verhalten, wenn nach einigen Tagen die gesellschaftlichen Strukturen – insbesondere in den Großstädten – beginnen sich aufzulösen? Werden sie die notwendigen Leistungen erbringen, kommunikativ abgeschnitten von ihren vom Stromausfall betroffenen Familien?

Für den normalen Bürger sind bei einem Blackout diese hier angeschnittenen Fragen eh nur von untergeordneter Bedeutung. Er will eigentlich nur wissen, wann der Strom wieder da ist und er sein gewohntes Leben wieder weiter führen kann. Die ehrliche Antwort ist: Tage bis Wochen. Österreich z. B. mit seinen hervorragenden Schwarzstartkapazitäten in Form von Pumpspeicher- und Wasserkraftwerken, rechnet im (unwahrscheinlichen) Idealfall mit mindestens 10 Stunden, bis eine Grundversorgung in den Landesgrenzen wieder funktioniert. Simulationen, die schon im Rahmen der Netzsicherheit regelmäßig durchgeführt werden, gehen davon aus, dass nach 20 bis 30 Stunden die Versorgung wieder anläuft. Realisten rechnen mit 2 bis 4 Tagen und manche Fachleute auf dem Gebiet wollen sich auch hier nicht festlegen lassen und sprechen eher von einem Blick in die Glaskugel, insbesondere, wenn der Netzzusammenbruch das europäische Verbundnetz als Ganzes betrifft. Wahrscheinlicher ist es, dass nach einer Netzaufspaltung Teilnetze ausfallen, ein Szenario, welches man als „System Split" bezeichnet. Das kann passieren, wenn der Verbrauch und die Erzeugung in einem Teilnetz nicht in Einklang zu bringen sind. Man stelle sich vor, ein Teilnetz enthält viele Großverbraucher, die gewöhnlich von einem anderen Teilnetz mit hohen Wasserkraftaufkommen oder Aufkommen aus „erneuerbaren" Quellen versorgt werden. Zu solch einem Szenario ist es im Jahre 2003 in Italien gekommen, welches damals einen großen Teil seines Stroms aus dem restlichen EU-Raum importieren musste, da die eigenen Kapazitäten dafür nicht annähernd ausreichten. Ein Fachblatt berichtete, dass die Stromverbindungen zwischen Italien und der EU quasi „wie ein Reißverschluss aufgegangen" sind und es anschließend 13 Stunden gedauert hat, bis der Großteil des Netzes wieder seine Funktion erfüllte. Die vollständige Wiederherstellung konnte erst nach 20 Stunden gemeldet werden. Dieser recht schnelle Wiederaufbau des Netzbetriebes profitierte dabei von einigen günstigen Voraussetzungen, die heute nicht mehr gegeben sind. Denn heute spielen eine riesige Anzahl von Klein-einspeiser von volatilen Wind- und Sonnenstrom eine immer größere Rolle am Gesamtenergieaufkommen. Diese erschweren auf mehrfache Art und Weise ihre Einbindung in ein schnelles Schwarzstartszenario. Das beginnt schon damit, dass jedes einzelne Windrad genaugenommen nur über eine Datenleitung aus der Ferne gesteuert werden kann. Diese Datenleitung benötigt aber Strom... Auch die Wechselrichter von Solaranlagen funktionieren i. d. R. erst wieder, wenn von „außen" eine Nennfrequenz von 50 Hz anliegt, was aber nur dann der Fall ist, wenn die Zuleitungen wieder unter Spannung stehen etc. pp.

Aber lange Rede kurzer Sinn. Für ein *worst case scenario* sollte man mit einem Ausfall der Stromversorgung von einer bis drei Wochen rechnen, wobei – da der Neuaufbau eines Stromnetzes über autonome „Inseln" erfolgt, die nach und nach untereinander synchronisiert und zusammengeschaltet werden – das von Region zu Region unterschiedlich sein kann. Auf jeden Fall wird diesem Neustart noch eine längere Zeit mit Strommangel – gekennzeichnet durch entsprechende Brownout-Phasen – folgen. Und auch sonst wird es voraussichtlich noch sehr lange dauern, bis die mit solch einem Ereignis einhergehenden gesellschaftlichen und ökonomischen Verwerfungen überwunden sind...

Although the electric supply should never be interrupted, there is, unfortunately, no collapse-free power system!

Untersuchungsbericht ENTSO-E zum Blackout in der Türkei 2015

Die drei Phasen eines Blackouts

Um die Auswirkungen eines Blackouts einschätzen und sich darauf vorbereiten zu können, reicht es nicht aus, nur den Zeitraum zwischen Stromausfall und der Wiederherstellung der Stromversorgung zu betrachten. Das ist aber genau der Zeitraum, den man als Betroffener quasi im Fokus hat und man kaum daran denkt, dass es ja auch gilt, die beim Blackout zu Schaden gekommene Infrastruktur wieder auf den alten Stand zu bringen. Und das kann Monate und Jahre dauern.

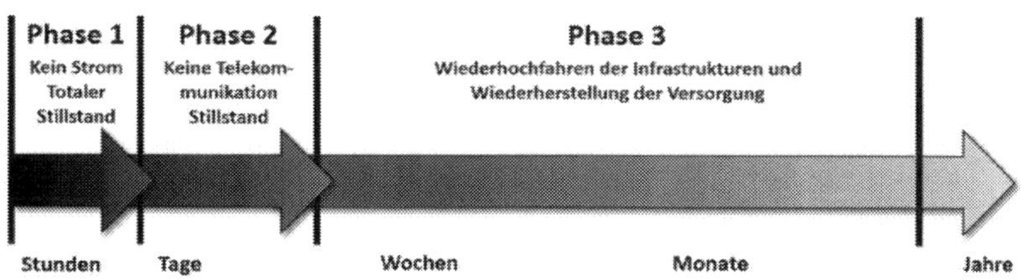

Quelle: H. Saurugg

Der österreichische Experte für kritische Infrastrukturen, Herbert Saurugg, unterscheidet deshalb drei Phasen, was die Bewältigung eines überregionalen Stromausfalls betrifft:

Phase 1 – Stunden bis Tage

Für die Wiederherstellung einer weitgehend stabilen Stromversorgung benötigt man mehrere Tage (Österreich) bis zu ein, zwei Wochen (europäische Ebene). Das sind übrigens Schätzungen, die sich aus allgemeinen Überlegungen, Maßnahmeplänen und Simulationen ergeben. Selbst weltweit gibt es unter realen Bedingungen noch sehr wenige Erfahrungen, was den Wiederanlauf (Schwarzstart) einer großflächig total ausgefallenen Stromversorgung betrifft. Im konkreten Fall hängt das mehr oder weniger schnelle Gelingen eines Schwarzstarts von vielen Faktoren ab, die sich erst aus der Situation heraus ergeben. Auf jeden Fall wird die Wiederherstellung einer funktionierenden Stromversorgung immer schwieriger, je länger er sich hinzieht.

Phase 2 – Tage bis Wochen

Ohne Telekommunikation ist eine moderne Industriegesellschaft nicht funktionsfähig. Deshalb wird der Schwerpunkt der Phase 2 in der Wiederherstellung des Handy-Netzes, des Festnetzes und des Internets liegen. Da es auch hier mit Sicherheit zu Problemen kommen wird, rechnet man mit einem Zeitrahmen von mehreren Tagen bis zu einer Woche, bis alles wieder in Betrieb ist. Bis dahin funktionieren weder Produktionsanlagen, noch Logistik, Verteilung und Verkauf von Waren und Dienstleistungen. Auch die Treibstoffversorgung benötigt eine funktionierende Telekommunikation.

Phase 3 – Wochen bis Jahre

In der Phase 3 erfolgt der schrittweise Wiederanlauf der Versorgung der Bevölkerung mit lebenswichtigen Gütern und Dienstleistungen. Im günstigsten Fall ist damit zwei bis drei Wochen nach dem Stromausfall zu rechnen, ohne damit eine Flächenabdeckung zu garantieren. Aufgrund der internationalen Abhängigkeiten in der Versorgungslogistik kann es dabei zu erheblichen Engpässen kommen. Wahrscheinlich wird es sogar Jahre dauern, bis alle Schäden beseitigt sind und der Zustand, wie er vor dem Blackout herrschte, wieder erreicht ist.

Alle staatlichen Planungen – und auch dieser Ratgeber, gehen davon aus, dass die Phase 1 innerhalb von 10 Tagen (am besten natürlich bedeutend schneller) beendet ist und sich auch jeder Bürger während dieser Zeit weitgehend selbst versorgt. Jeder Tag eines andauernden Stromausfalls zieht jedoch exponentiell anwachsende Folgewirkungen nach sich, die irgendwann nicht mehr beherrschbar sind. Deshalb obliegt der Politik, den Übertragungsnetzbetreibern und den für die Systemsicherheit primär zuständigen Redispatch-Einrichtungen eine enorme Verantwortung dafür, dass es niemals zu einem totalen Blackout kommt. **Denn ein – insbesondere europaweiter – Netzzusammenbruch wäre hier wahrscheinlich die größte, von Menschen verursachte Katastrophe in Friedenszeiten.** Man kann davon ausgehen, dass alle, die für eine dauerhafte und sichere Stromversorgung Verantwortung tragen, dieser Verantwortung auch zu jeder Zeit gerecht werden. Aber es sind auch nur Menschen.

Zwischen Zivilisation und Barbarei liegen fünf Mahlzeiten

Alte Lebensweisheit

Konsequenzen eines überregionalen länger andauernden Netzausfalls

Wie bereits erläutert, nimmt durch den Zubau volatiler Stromerzeugungskapazitäten und dem Abbau grundlastfähiger Kraftwerke die Ausfallsicherheit, insbesondere des deutschen Stromnetzes, gefährlich ab, so dass Szenarien denkbar und wahrscheinlich werden, die unter gewissen Bedingungen regeltechnisch nicht mehr handelbar sind und zur plötzlichen und unvorhergesehenen Abschaltung der Stromversorgung ganzer Regionen, ja sogar Länder, führen können. **Die Frage, die sich hier jeden einzelnen Bürger stellt ist die Frage, wie man sich auf solch ein Ereignis vorbereiten kann, um die Zeit zwischen Netzzusammenbruch und dem erfolgreichen Wiederanfahren der Stromversorgung möglichst unbeschadet zu überstehen.** Dabei ist zu bedenken, dass insbesondere dann, wenn ein sogenannter „Schwarzstart" notwendig wird, man mit einem Zeitrahmen von mehreren Tagen bis Wochen zu rechnen hat. Während dieses Zeitraums kann es bereits zu irreparablen Schäden an der gesellschaftlichen und industriellen Infrastruktur kommen bis hin zu Unruhen und Verteilungskämpfen innerhalb der betroffenen Bevölkerung. Dabei sind die Städte – und hier insbesondere Großstädte – mehr betroffen als die Siedlungsgebiete auf dem Land (es sei denn, man ist Landwirt mit einem hohen Tierbestand). **Es muss auf jeden Fall klar sein, dass in einer hochtechni-**

sierten Gesellschaft ein länger andauernder überregionaler Netzzusammenbruch zeitversetzt unweigerlich auch zu einem totalen Zusammenbruch der gesellschaftlichen, technischen und logistischen Infrastruktur führt, was im Extremfall sogar ein erfolgreiches Wiederanfahren der Stromversorgung behindern kann. Was das bedeutet, kann man sich leicht selbst ausmalen, indem man sich überlegt, was heutzutage alles von einer funktionierenden Energieversorgung abhängt.

Nun gibt es Länder, wo zumindest „Brownouts" zur Tagesordnung gehören (d. h. es gibt nur zeitweise und rationiert Strom), ohne das dort alles gleich zusammenbricht oder bürgerkriegsähnliche Zustände ausbrechen. Dabei verkennt man, dass die Menschen dort a) einmal daran gewöhnt sind (d. h. sie stellen sich darauf ein) und b) das es i. d. R. Länder betrifft, deren Organisationsgrad bei weitem nicht so groß ist, wie man es bei entwickelten Industrienationen findet. Letztere sind deshalb bedeutend verwundbarer als weniger entwickelte Staaten. So wird beispielsweise der Libanon, wo es am 9.10.2021 zum wiederholten Male zu einem totalen Blackout gekommen ist (zwei systemrelevante Kraftwerke mussten wegen Brennstoffmangel abgeschaltet werden), wohl noch glimpflich aus der Lage herauskommen – einfach deshalb, weil in diesem zerrütteten Land die Menschen auf solche Ereignisse mehr oder weniger gut vorbereitet sind. Anders sieht das beispielsweise in Deutschland aus, wo eine stabile Stromversorgung eine kaum hinterfragte Selbstverständlichkeit ist und auch von der Politik der Eindruck vermittelt wird (oft unter Verwendung von Schlagwörtern, deren Bedeutung selbst die Politiker nur selten näher erklären können), dass es ja gerade aufgrund des Ausbaus der „erneuerbaren" Energien Strom im Überfluss gibt („Wir sind ein Stromexport-Land", tönt es immer wieder von den Parlamentstribünen!) und wir deshalb möglichst alles, dem „Weltklima" zuliebe, auf „Co2-freien" elektrischen Strom umstellen müssen: Mobilität, Heizung etc. pp. Dass die Sache auch mal schiefgehen kann, davor warnten schon 2010 die Verfasser der bereits genannten Studie *„Gefährdung und Verletzbarkeit moderner Gesellschaften – am Beispiel eines großräumigen und langandauernden Ausfalls der Stromversorgung"*, die als Drucksache des Bundestages Nr. 17/5672 jedermann zugänglich ist. Darin steht als Fazit:

(TAB) Die Folgenanalysen haben gezeigt, dass bereits nach wenigen Tagen im betroffenen Gebiet die flächendeckende und bedarfsgerechte Versorgung der Bevölkerung mit (lebens)notwendigen Gütern und Dienstleistungen nicht mehr sicherzustellen ist. Die öffentliche Sicherheit ist gefährdet, der grundgesetzlich verankerten Schutzpflicht für Leib und Leben seiner Bürger kann der Staat nicht mehr gerecht werden. ***Die Wahrscheinlichkeit eines langandauernden und das Gebiet mehrerer Bundesländer betreffenden Stromausfalls mag gering sein. Träte dieser Fall aber ein, kämen die dadurch ausgelösten Folgen einer nationalen Katastrophe gleich.*** *Diese wäre selbst durch eine Mobilisierung aller internen und externen Kräfte und Ressourcen nicht „beherrschbar", allenfalls zu mildern ...*

(S. 16 der o.g. Drucksache, Hervorhebung Autor)

Und an dieser Aussage hat sich nichts geändert bis auf den Fakt, dass seitdem die Wahrscheinlichkeit eines länger andauernden überregionalen Stromausfalls rapide zugenommen hat. Und das hat durchaus etwas mit der verkorksten, ideologiegetriebenen Energiepolitik Deutschland zu tun. Man denke nur an den Fall des modernen Hamburger Kohlekraftwerks Moorburg, welches schon nach weniger als 5jähriger Laufzeit aus „Klimaschutzgründen" stillgelegt und damit eine Investition von ca. 3 Mrd. Euro gecrasht wurde. Was man dabei aber kaum kommuniziert hat ist der Fakt, dass Moorburg eine der wenigen schwarzstartfähigen Kraftwerke Deutschlands ist, mit dessen Hilfe man nach einem Netzzusammenbruch den überlebenswichtigen Netzwiederaufbau bewerkstelligen kann. Und genau das könnte (wir wollen es nicht beschreien) ein Problem werden. Nehmen wir nur das Jahr 2021 und 2022. Zum Jahreswechsel werden in Deutschland Kernkraftwerkskapazitäten von ca. 4,05 GW und Kohlekraftwerkskapazitäten von ca. 4,47 GW stillgelegt. Dazu kommt noch der Ausfall von ca. 0,37 GW durch stillgelegte Öl- und Gaskraftwerke so dass sich in der Summe ein Leistungsdefizit von 8,9 GW ergibt. Diese Kraftwerke währen theoretisch in der Lage, über das Jahr hinweg unter Berücksichtigung entsprechender Wartungsausfälle ca. 68 TWh an elektrischer Energie zu produzieren, was ca. 12% (!) des Jahresverbrauchs in Deutschland entspricht. Aber natürlich gibt es im Jahre 2021 auch einen Zubau, nur beläuft sich dieser auf gerade einmal 2,56 GW, wobei 2 GW auf volatile Wind- und Solarenergie entfallen (der Rest sind Gasturbinen). Es lässt sich abschätzen, dass diese in der Lage wären, insgesamt ca. 7 TWh über das Jahr hinweg (unstetig) einzuspeisen. Oder anders ausgedrückt, nach dem Jahreswechsel werden im deutschen Stromnetz im Folgejahr ca. 10,5% des Jahresverbrauchs im Vergleich zu 2021 fehlen. Das ist dann die Menge an elektrischer Energie, die Deutschland aus dem Ausland zukaufen muss. Und genauso ist es natürlich auch geplant. Also genau genommen kein Problem. Aber es deutet sich ein Szenario an, welches so nicht eingeplant ist und das betrifft den internationalen Energiemarkt. Denn zum Jahreswechsel 2021/2022 gehen rapide die Preise für Brennstoffe in ungeahnte Höhen. Und außerdem wird von den Meteorologen für die Nordhalbkugel ein recht strenger Winter vorhergesagt. Es wird also nichts weiter übrigbleiben, als die ansonsten nur zum Teil eingesetzten Gasturbinenkraftwerke zur Gewährleistung der Energiesicherheit einzusetzen und das zu einer Zeit, wo der Erdgaspreis quasi durch die Decke geht und auch die Gasspeicher sind beileibe nicht so befüllt, wie sie es zu Beginn der kalten Jahreszeit hätten sein sollte... Hier bahnt sich, gelinde gesagt, ein ernstes Ungleichgewicht an (Anmerkung - dieser Abschnitt wurde Anfang Oktober 2021 geschrieben). Fallen nämlich z. B. im Januar oder Februar aufgrund einer längeren Hochdruckwetterperiode verbunden mit ganztäglichen Hochnebel („kalte Dunkelflaute“) große Teile der Wind- und Solarkraftkapazitäten aus (und das betrifft dann auch unsere Nachbarländer, von denen wir in solchen Lagen gewöhnlich Strom importieren), dann nimmt die Blackoutgefahr enorm zu... Um solch eine Gefahr abzuwenden, wird den Netzbetreibern nichts weiter übrigbleiben als bei Strommangel temporär Verbraucher vom Netz zu nehmen, also gewissermaßen ein gesteuertes Brownout-Szenario zu fahren...

Interessanterweise fällt das Abschalten der letzten Kernkraftwerke und erster Kohlekraftwerke in Deutschland, der enorme Anstieg der Brennstoffpreise auf dem Weltmarkt (wodurch sich u.a. eine Pleitewelle unter den Billigenergieanbietern abzeichnet) und die Ankündigung eines wieder einmal „richtigen" Winters mit einer auffälligen Aufklärungskampagne der Bevölkerung in Bezug auf die Vorsorge und das Verhalten bei einem Blackout in Österreich zusammen. Und das sollte uns zu denken geben…

Im Folgenden werden kurz einige Punkte andiskutiert, die in Bezug auf einen überregionalen und länger andauernden Stromausfall von besonderer Bedeutung sind. Es wird dabei explizit auf die bereits erwähnte Bundesdrucksache des Büros für Technikfolgenabschätzung (TAB) eingegangen, da es hier um ein offizielles staatliches Dokument handelt und es auch zeigt, dass den Behörden die Gefahr eines Blackouts voll bewusst ist.

Lebensmittelversorgung

Nehmen wir nur das Beispiel „Versorgung der Bevölkerung mit Lebensmitteln". Früher konnte man sich zumindest auf dem Land durch Selbstbevorratung und Selbstversorgung unter Umständen noch eine Zeitlang autonom versorgen – eine Fähigkeit, die aber auch hier immer mehr abgenommen hat. **Die Versorgung der Bevölkerung mit Lebensmitteln hat mittlerweile der Lebensmittelhandel zusammen mit einer ausgeklügelten Logistik zu fast 100% übernommen, was dazu geführt hat, dass z. B. Kaufhallen und Supermärkte nur noch eine geringe Kapazität zur separaten**

Lagerung von Produkten haben. Im Prinzip befinden sich alle Produkte, die z. B. morgen im Supermarkt im Regal stehen, heute auf den Ladeflächen von Transportfahrzeugen, die sie direkt vom Produzenten in die Verteilerzentren und von dort in die Einrichtungen des Handels transportieren. Allein diese Lieferkette, die permanent funktionieren muss, damit keine Engpässe entstehen, ist bei einem Stromausfall massiv gefährdet, wenn nicht gänzlich unterbrochen. Das beginnt schon damit, dass es bereits durch den Ausfall von Ampelanlagen schnell zu Verkehrsproblemen kommen wird. Staus und Unfälle sind quasi vorprogrammiert. Das nächste schwerwiegende Problem ist akuter Treibstoffmangel, da selbst bei vorhandenen Treibstoffvorräten in Tankstellen eine Betankung von Fahrzeugen ohne elektrischen Strom (der die Pumpen antreibt) nicht mehr möglich ist. In den Kaufhallen und Supermärkten erlischt mit dem Stromausfall sofort die Beleuchtung und wenn es keine irgendwie geartete, vom Stromnetz unabhängige Notbeleuchtung gibt, bleibt es selbst am Tage darin dunkel, da viele Kaufhallen erfahrungsgemäß meist über keine natürliche Beleuchtung von außen verfügen. Bereits das Betreten eines Supermarktes ist in den meisten Fällen nicht mehr so ohne weiteres möglich, weil ohne Strom elektrische Schiebe- und Drehtüren nicht mehr funktionieren. Schon aus diesem Grund – neben der Nichtfunktionsweise der Kassensysteme – werden die meisten Geschäfte erst einmal schließen. Wenn nicht, wird es schnell – zumindest was Lebensmittel und Produkte der Überlebenssicherung betrifft – zu unkontrollierten Hamsterkäufen kommen. In einem derartigen Fall kann man realistischer Weise davon ausgehen, dass man bereits nach wenigen Stunden nur noch vor leeren Regalen stehen wird. Überall, wo es noch offene Geschäfte gibt, wird es zu Massenansammlungen von Menschen, also zu langen Einkaufsschlangen, kommen. Nach einer gewissen Zeit liegen dann alle Nerven blank und man kann nicht mehr davon ausgehen, dass alle Menschen überlegt und besonnen reagieren – und zwar insbesondere dann, wenn sich ein völliger Ausverkauf von Lebensmitteln abzeichnet.

Bei einem Blackout wird man ganz schnell eine Lösung finden müssen, um irgendwie einen geordneten Abverkauf oder Abgabe von Lebensmitteln in den Supermärkten zu realisieren, um späteren Plünderungen zuvor zu kommen. Auf jeden Fall werden nach kurzer Zeit die Regale leer sein. Quelle: Wikimedia commons

Und wer denkt, der Bäcker und der Metzger an der Ecke oder im Supermarkt kann noch eine Weile helfen, der irrt auch hier. Denn Bäcker werden trotz reichlich vorhandenen Mehlvorräten keine Broterzeugnisse mehr herstellen können, weil ihre modernen Elektroöfen nicht mehr funktionieren. Und auch der Metzger wird innerhalb von wenigen Tagen seine Produktion wegen fehlender Kühlung und wegen fehlender Zulieferung von Fleisch zwangsweise einstellen müssen.

Was die Lebensmittelversorgung ganz allgemein betrifft, so wird es in der Zeit des Blackouts kein Mengenproblem geben. Lebensmittel für einen überschaubaren Zeitraum werden in den Logistikzentren der Handelsketten sowie in nationalen Notspeichern reichlich vorhanden sein – gut gestapelt und sortiert in modernen, computergestützten Hochregallagern. Nur man kommt nicht mehr an sie heran, weil die automatischen Lagerbediengeräte sie natürlich ohne Strom und ohne Computerhilfe nicht mehr anfahren können. Und für eine schnelle „manuelle" Erreichbarkeit sind sie natürlich nicht ausgelegt. Zwar gibt es durchaus Großhandelslager, wo man die Warenpaletten noch mit gewöhnlichen und hoffentlich dann noch nicht durchgängig mit Batterien betriebenen Gabelstaplern erreichen kann. Aber dazu braucht man Personal (was ist, wenn sie ihren Arbeitsplatz aufgrund der Umstände nicht mehr erreichen können oder wegen der persönlichen Notlage gar nicht erst zur Arbeit erscheinen? Und wer soll die Waren wie zum Endverbraucher, d. h. in die Verkaufsstellen, bringen?). Außerdem müssen die Lager notstromversorgt sein (was sie in der Regel auch sind), damit sie noch mindestens eine gewisse Zeit in Funktion gehalten werden können, denn sie haben gewöhnlich keine Fenster und ohne Strom kein Licht.

(TAB) Die erheblichen Schäden an Lagergut und Tierbeständen in der Landwirtschaft, der weitgehende Ausfall der weiterverarbeitenden Industrie und die unzureichende Versorgung großer Teile der Bevölkerung mit Lebensmitteln durch die Strukturen des Handels reduzieren die regionale Funktionsfähigkeit des gesamten Sektors auf ein Minimum. Aufgrund der generell geringen privaten Bevorratung ergeben sich schon am Ende der ersten Woche ernsthafte Engpässe in der Lebensmittelversorgung.

Die Nichtverfügbarkeit von Lebensmitteln aufgrund des Zusammenbruchs der Lieferlogistik ist eines der ernsthaftesten Probleme während der ersten Phase eines länger andauernden Blackouts. Während man bei einem lokalen Netzzusammenbruch immer mit der Hilfe von „Außen“ rechnen kann bzw. eine solche Hilfe organisierbar ist (man denke nur an das Ahrhochwasser vom Sommer 2021), ist das in einem solchen Fall nicht mehr oder höchstens nur eingeschränkt möglich, da ja quasi das ganze Land von der Katastrophe betroffen ist.

Natürlich gibt es für den Fall der Entstehung von Lebensmittelenpässen entsprechende Maßnahmepläne bei den verantwortlichen Behörden. Das betrifft u. a. die rationierte Freigabe der Bestände der „Zivilen Notfallreserve“, die Freistellung entsprechender Transportkapazitäten und die Errichtung geschützter zentraler Ausgabestellen. Auch die Errichtung von Großküchen durch das THW, dem Deutschen Roten Kreuz und durch die Bundeswehr (insbesondere in Stadtgebieten, wo es für die Bevölkerung kaum Möglichkeiten gibt, warme Mahlzeiten zuzubereiten) dürfte in solch einem Katastrophenfall aus vielerlei Gründen eine nur schwer zu bewältigende Aufgabe sein:

(TAB) Trotz größter Anstrengungen kann aber mit hoher Wahrscheinlichkeit die flächendeckende und bedarfsgerechte Verteilung der Lebensmittellieferungen nur ungenügend gewährleistet werden. Eine Kommunikation über Vorrat und Bedarf zwischen Zentrale, Lager und Filiale ist wegen des Ausfalls der Telekommunikationsverbindungen erheblich erschwert. Das behördliche Katastrophenmanagement leidet erheblich unter dem Fehlen eines einheitlichen Lagebilds, sodass auch eine länderübergreifende Planung und Koordinierung von Maßnahmen drastisch erschwert sind.

Kommen wir noch einmal zurück zur Lebensmittelbeschaffung. Hier sieht sich von Anfang an der Bürger vor ein weiteres Problem gestellt, und zwar die Bezahlung der Waren betreffend. Denn die Bezahlung per EC- oder Kreditkarte funktioniert nicht mehr und auch die Beschaffung von Barmitteln über Geldautomaten ist bei Stromausfall nicht mehr möglich. **Selbst wenn die Geschäfte Notverkäufe über Bargeld ermöglichen sollten (dafür sind herkömmliche Kassensysteme jedoch nicht mehr ausgelegt), nutzt einem das nichts, wenn man kein Bargeld mehr hat.** Bei einem länger anhaltenden Stromausfall können deshalb leicht tauschbare Produkte (z. B. Zigaretten, Whisky, Schokolade, Honig, Bohnenkaffee, Seife) schnell zu einer Alternative zu Bargeld werden.

(TAB) Als Achillesferse des Sektors erweisen sich die fehlenden elektronischen Bezahlmöglichkeiten sowie die versie-

gende Bargeldversorgung der Bevölkerung. Aus diesem Grund verstärkt sich die Unsicherheit in der Bevölkerung: Die Menschen haben Angst, sich nicht mehr mit Nahrungsmitteln und anderen Gütern des täglichen Bedarfs versorgen zu können. Die Information der Kunden und eine angemessene Risikokommunikation in Abstimmung mit den Katastrophenschutzbehörden werden deshalb immer wichtiger.

Und auf noch einen Punkt wird von Risikoforschern hingewiesen. **Ladenbesitzer, die nach einer angemessenen Zeit ihre Läden für Notverkäufe nicht öffnen, müssen mit ihrer Plünderung rechnen. Denn das gewohnte System der öffentlichen Sicherheit und Ordnung wird spätestens dann zusammenbrechen, wenn es zu ersten Verteilungskämpfen zwischen denjenigen, die noch Lebensmittel ergattert haben und denjenigen, die leer ausgegangen sind, kommt.**

Trinkwasserversorgung

Aber wie gesagt, die Lebensmittelversorgung über einen längeren stromlosen Zeitraum ist nur ein Aspekt von vielen. Das nächste Problem betrifft die lebenswichtige Trinkwasserversorgung. **Denn bei einem Netzausfall kann nur selten garantiert werden, dass auch der Wasserhahn in der Wohnung weiter funktioniert.** Auf dem Land findet man noch relativ häufig Hochbehälter, über die das Wasser schwerkraftbedingt selbständig zu den niedriger liegenden Verbrauchern strömt. Auch gibt es hier noch Zugänge zu Tiefbrunnen sowie unbelasteten Bächen und Quellen. In

Städten ist man dagegen gewöhnlich auf Pumpanlagen angewiesen, die natürlich elektrischen Strom zu ihren Betrieb benötigen. Unter günstigen Umständen stehen dazu in den Wasserwerken Notstromaggregate zur Verfügung, die noch über eine gewisse Dauer die Wasserversorgung ermöglichen. Aber auch sie werden irgendwann wegen Dieselmangel ausfallen. Aber das ist nur eine Seite des Problems. Heute gibt es so gut wie keine Versorgungsnetze mehr, die ohne strombetriebene UV-Entkeimungsanlagen auskommen. Fallen diese aus, dürfte laut Gesetzgebung das Wasser durch die verantwortlichen Stellen nicht mehr als Trinkwasser abgegeben werden. In einer Notfallsituation werden sich aber wahrscheinlich die lokalen Wasserverbände einfach darüber hinwegsetzen müssen und versuchen, alternative Entkeimungsverfahren zur Anwendung zu bringen. **Auf jeden Fall sollte man sich gerade als Stadtbewohner schon einige Gedanken darüber machen, wo denn das lebensnotwendige Wasser eigentlich herkommen soll, sollte es einmal ernst werden.** Denn dass hier der „Staat“ oder Hilfseinrichtungen per Tankwagen flächendeckend eine Notversorgung ermöglichen werden, ist schon aus logistischen Gründen nicht zu erwarten (die „ganze“ Stadt hat ja kein trinkbares Wasser mehr, nicht nur ein Stadtbezirk oder eine Straße).

(TAB) Wasser bekommt unter solchen Umständen mit hoher Wahrscheinlichkeit eine derart basale Bedeutung, dass dessen Bereitstellung zu den wichtigsten Aufgaben im Katastrophenfall gehört. Die Bedeutung alternativer Wasserquellen steigt stark an.

Ein weiterer Aspekt der Wasserversorgung ist natürlich auch dessen „Entsorgung“, deren Probleme sich schleichend schon in der eigenen Toilette bemerkbar machen werden, sobald die heute obligatorische Wasserspülung nicht mehr funktioniert. Und was hier im „Kleinen“ beginnt, setzt sich im „Großen“ fort. Denn Abwasserentsorgungsbetriebe benötigen Pumpen, und Pumpen benötigen Strom...

Auf dem Land bieten sich Quellen und weitgehend reine Bäche sowie Brunnen, die das Grundwasser anzapfen, als Quelle von Trink- und Brauchwasser an, so dass das Problem der Trinkwasserbeschaffung außerhalb von größeren Städten allein durch Eigeninitiative gelingen sollte. Auch lässt sich hier das Problem der Fäkalienentsorgung leichter und pragmatischer lösen als in den großen Wohnsiedlungen der Großstädte.

Individuelle medizinische Notversorgung

Weiterhin sollte man auch die wichtigen Themen „Medikamente“, medizinische Notversorgung („Verbandskasten“) und persönliche Dokumente nicht aus dem Auge verlieren. Und im absoluten Ernstfall kann es sogar von Vorteil sein, wenn man Selbstverteidigungsmittel griffbereit zur Verfügung hat (Stichwort „Pfefferspray“).

Was das Technische Büro für Technikfolgeabschätzungen des Deutschen Bundestages zum Thema „Gesundheitswesen und Blackout“ zu sagen hat, können Sie hier lesen:

(TAB) Bereits nach 24 Stunden ist die Funktionsfähigkeit des Gesundheitswesens erheblich beeinträchtigt. Krankenhäuser können mithilfe von NSA (Notstromaggregaten) noch einen eingeschränkten Betrieb aufrechterhalten, Dialysezentren sowie Alten- und Pflegeheime aber müssen zumindest teilweise geräumt werden und Funktionsbereiche schließen. Die meisten Arztpraxen und Apotheken können ohne Strom nicht mehr weiterarbeiten und werden geschlossen. ... Dramatisch wirken sich Engpässe bei Insulin, Blutkonserven und Dialysierflüssigkeiten aus. ... Die Rettungsdienste können nur noch begrenzt für Transport- und Evakuierungseinsätze eingesetzt werden. Sie sind durch die Beeinträchtigungen der Kommunikationsinfrastruktur von Notrufen der Bevölkerung weitgehend abgeschnitten. ... Probleme bereitet auch die schwindende Verfügbarkeit von Treibstoff ... Spätestens am Ende der ersten Woche wäre eine Katastrophe zu erwarten, d. h. die gesundheitliche Schädigung bzw. der Tod sehr vieler Menschen sowie eine mit lokal bzw. regional verfügbaren Mitteln und personellen Kapazitäten nicht mehr zu bewältigende Problemlage.

Alle Einrichtungen des Gesundheitswesens sind Teil der kritischen Infrastruktur eines Landes, welches von einem Blackout besonders massiv betroffen ist. Das erkennt man, dass es bereits bei etwas länger andauernden lokalen Stromausfällen schon hin und wieder zur Evakuierung bestimmter Patientengruppen in benachbarte, nicht vom Stromausfall betroffene Krankenhäuser gekommen ist. Dieser Weg ist bei einem totalen Blackout versperrt.

Während alle Krankenhäuser in Deutschland mit dieselbetriebenen Notstromaggregaten ausgestattet sind, gilt das i. d. R. nicht für Arztpraxen und Ärztezentren, die für die ambulante Grundversorgung der Bevölkerung zuständig sind. Dabei sind gerade Facharztpraxen und Dialysezentren auf eine stabile Stromversorgung angewiesen, ohne die ihre Technik einfach nicht funktioniert. Dazu kommt, dass natürlich nicht nur die medizintechnischen Gerätschaften ausfallen, sondern auch die elektronische Patientenverwaltung, Sterilisationseinrichtungen, Aufzüge sowie die Klima- und Heizungsanlagen quittieren ihren Dienst. Wie das Ärzteblatt in einem entsprechenden Artikel gewarnt hat, halten Dialysezentren ohne eigene Notstromversorgung batteriegestützt je nach Dialyseart und Gerätestatus zwei bis acht Stunden durch. Danach müssen die Patienten in entsprechende notstromversorgte Krankenhäuser verlegt werden um deren Leben nicht zu gefährden. Sollte das nicht gelingen, muss man bei Totalausfall der Dialysekapazitäten in Gesamtdeutschland mit Opferzahlen im fünfstelligen Bereich rechnen.

Wenn es auch noch zu einem Totalausfall bzw. zu einem stark eingeschränkten Betrieb der Blutbanken kommt, dann ist spätestens nach acht Wochen mit einem völligen Zusammenbruch der Versorgung von Unfallopfern und Tumorpatienten mit Blutprodukten zu rechnen. Aber schon weit davor dürfte deren kontinuierliche Beschaffung für die Krankenhäuser ein riesiges logistisches Problem werden.

Da bei einem Stromausfall ein großer Teil der Hausarztpraxen nicht mehr arbeitsfähig ist, wird sich das Patientenaufkommen zwangsläufig in den Notaufnahmen der Krankenhäuser konzentrieren. Hier zeichnen sich schon wenige Stunden nach Beginn der Krise physische und organisatorische Belastungen ab, die vom medizinischen Personal kaum noch zu stemmen sind. Außerdem hat sich bei lokalen Stromausfällen in der Vergangenheit gezeigt, dass die vorhandenen Notstromeinrichtungen nicht immer so funktionierten, wie es eigentlich vorgesehen ist. Ursachen können Wartungsmängel sowie zu seltene Testläufe sein. Außerdem sind nur selten Testläufe unter realen Krisenbedingungen, d. h. unter Volllast, möglich.

Das Hauptproblem, vor welchen sich Krankenhäuser nach ein, zwei Tagen Stromausfall stehen sehen, ist der Treibstoffnachschub für die Notstrom-Dieselaggregate. Neben Kommunikationsproblemen und Problemen beim Transport kommt hier erschwerend hinzu, dass die Tanklager wegen fehlendem Strom einfach keinen Treibstoff (trotz dessen Vorhandenseins) ausliefern können, weil schlicht die Pumpen zu deren Förderung aus den Tanks nicht funktionieren...

Aber nicht nur der Nachschub von Treibstoff wird zum Problem. Da Krankenhäuser genauso wie Apotheken nur bedingt Lagerhaltung betreiben, werden sehr schnell Engpässe an Medikamenten, Blutkonserven und Insulin entstehen. Ihre Nachbestellung scheitert dann oftmals schon an den ausgefallenen Kommunikationskanälen.

Wird sich schon wegen Lieferproblemen bei einem Blackout nicht vermeiden lassen ... Quelle: Augsburger Allgemeine, Denis Dworatschek

Ein weiteres Thema, was nicht sofort im Fokus liegt, ist die für die Krankenhaushygiene äußerst wichtige Wäscheaufbereitung. Sie wird heute ausschließlich von Fremdfirmen erledigt, die aber selbst keine verpflichtenden Notstromaggregate besitzen. Wäschereien werden also bei einem Stromausfall sofort ihren Betrieb einstellen müssen.

Nicht unerwähnt darf bleiben, dass natürlich auch Sozialstationen und Pflegeheime zum Gesundheitssystem gehören. Hier gilt es bei einem länger andauernden Stromausfall die Verpflegung und die Hygiene aufrecht zu erhalten, was bei ausfallender Koch-, Wasch- und Spülkapazität eine kaum zu bewältigende Aufgabe für das Pflegepersonal sein wird. Und was wird wohl passieren, wenn das Pflegepersonal wegen ausfallenden Mobilitätsmöglichkeiten oder mit dem Stromausfall zusammenhängender Probleme nicht mehr zur Arbeit erscheinen wird?

Auch diejenigen, die ihre Liebsten zuhause pflegen, bekommen bei einem Blackout schnell ein Problem. Das beginnt damit, dass Pflegedienste nicht mehr arbeiten oder die Beschaffung von lebensnotwendigen Medikamenten zu einer Odyssee wird. Sind Heimbeatmungsgeräte im Einsatz, werden diese ohne Notstromversorgung nach vollständiger Leerung ihrer Akkus ihren Betrieb notgedrungen einstellen. Und was das für den Patienten bedeutet, kann sich jeder selbst ausmalen...

Käme es zu einem landesweiten Stromausfall, dann, so prognostizieren es die Experten, ist spätestens nach einer Woche mit einem Kollaps des medizinischen Versorgungssystems zu rechnen. Aber bereits ab dem Zeitpunkt Null wird es stetig eskalierend zu einer Überlastung von Krankenhäusern kommen, da einmal die vorhandenen Notstromaggregate häufig nur ausreichen, einen Notbetrieb (z. B. der Intensivstationen und einiger anderer lebenswichtiger Bereiche) aufrecht zu erhalten und zum anderen die Zahl der Menschen, die durch Unfall verletzt (ausfallende Ampelanlagen) oder vom Hausarzt abgewiesen ins Krankenhaus strömen. rapide anschwillt. Die massive Zunahme von Todesfällen ist dann nicht mehr zu vermeiden (wobei sich hier gleich ein neues, kaum beherrschbares Problemfeld – man denke an die ersten Monate der Corona-Pandemie – auftut).

Mobilitätseinschränkungen

Eine moderne Industriegesellschaft ist bekanntlich eine mobile Gesellschaft, in der ständig Menschen und Waren „auf Achse“ sind. Und auch hier spielt die permanente Verfügbarkeit von elektrischem Strom eine wichtige Rolle. Mit dem Stromausfall geht nicht nur plötzlich das Licht aus, sondern auch Personenaufzüge, Rolltreppen und elektrisch betriebene Straßenbahnen und U-Bahnen bleiben stehen, was allein schon für die in den Aufzügen befindlichen Personen schnell zu einem existenziellen Problem anwachsen kann. Schnell wird Personal des Katastrophenschutzes gebunden, um Menschen aus U-Bahnschächten, steckengebliebenen Aufzügen und nicht mehr manuell zu öffnenden elektrisch betriebenen Tür- und Toranlagen zu retten. Eine kürzlich bekanntgewordene Abschätzung für Berlin hat übrigens ergeben, dass es bis zu fünf Tagen dauern kann, bis alle aufgrund eines Stromausfall in Aufzügen feststeckenden Menschen aus ihrer misslichen Lage wieder befreit sind...

Auf jedem Fall ist davon auszugehen, dass es bei einem großflächigen Netzausfall auch schnell zu einem Ausfall der öffentlichen Verkehrsmittel kommen wird – beispielsweise schon allein wegen Treibstoffmangel. **Unter Umständen kann der Bahnbetrieb noch aufrechterhalten werden, da ein separates Stromnetz mit entsprechenden Stromerzeugern zur Verfügung steht. Aber darauf verlassen sollte man sich nicht.** Auf jeden Fall wird es schnell zu Schlangen vor den Tankstellen kommen, obwohl bei den meisten von ihnen von vornherein keine Spritabgabe bei Stromausfall möglich sein wird. Denn man möchte es kaum glauben: **In Deutschland existieren von den ca. 10.000 Tankstellen gerade einmal 15 mit einer Notstromversorgung (Stand 2018). Moderne Tankstellen verfügen zwar häufig über eine Vorrichtung, die den Anschluss eines Notstromaggregats zum Betreiben der Treibstoffpumpen gewährleistet. Diese müssen jedoch erst einmal in genügender Stückzahl regional kleinräumig gelagert und dann im Krisenfall herangeschafft werden.** Zwar gibt es Pläne dafür. Ob sie sich jedoch flächendeckend umsetzen lassen, wird leider erst ein eingetretener Katastrophenfall zeigen. Ansonsten möchte man gar nicht weiter über die Problematik nachdenken. Denn nicht nur die Bevorratung in einigen zentralen und vielen nichtzentralen Tanklagern ist Voraussetzung zur Aufrechterhaltung einer Versorgungskette, sondern es sind auch genügend Fahrzeuge mit Fahrern notwendig (von einer ausgefeilten Logistik gar nicht erst zu reden), um öffentliche Tankstellen weiterhin mit Sprit zu beliefern. Und diesen Sprit wird man vornehmlich für die Einsatzfahrzeuge von THW, Feuerwehr, DRK, Katastrophenschutzstäbe, Polizei und Militär benötigen. **Die privaten Fahrzeughalter werden also in einem länger andauernden Blackout-Szenario im günstigsten Fall mit Rationierungen und im Extremfall mit einem völligen Abschneiden von der Treibstoffversorgung zu rechnen haben.** Und ganz mies sind die Besitzer von Elektromobilen dran, selbst wenn sie eine eigene Ladesäule besitzen. Also gehen Sie davon aus, dass über kurz oder lang auch der Individualverkehr zusammenbrechen wird. Hier kann es nützlich sein, wenn man zumindest ein Fahrrad sein Eigen nennt...

(TAB) Die Folgen eines Stromausfalls treten abrupt auf und sind massiv. Aus einer Vielzahl von Unfällen, liegengebliebenen Zügen und U-Bahnen, umzulenkenden Flügen sowie Lkw- und Güterstaus in Häfen ergeben sich erhebliche Einschränkungen der Mobilität und des Gütertransports. Insbesondere in Metropolen und Ballungsräumen führen Staus und Unfälle im Straßenverkehr zu chaotischen Zuständen. Brandbekämpfung, Notrettung und Krankentransporte, Einsätze zur Sicherstellung der Notstromversorgung sowie eine Vielzahl weiterer Maßnahmen zur allgemeinen Schadensbewältigung werden erheblich behindert. Da alle Tankstellen ausgefallen sind, wird der Treibstoff für die Einsatzfahrzeuge knapp. Darüber hinaus drohen erhebliche Engpässe bei der Versorgung der Bevölkerung, beispielsweise mit Lebensmitteln oder medizinischen Bedarfsgütern.

Was Feuerwehr, Polizei, Rettungsdienste etc. betrifft, haben diese Organisationen i. d. R. Zugriff auf eine lokale Bevorratung, die aber höchstens den Bedarf für maximal eine Woche abdecken kann. Aufgrund des zu erwartenden Zusammenbruchs der Lieferlogistik bei einem länger andauernden Netzausfall werden sich diese Treibstoffvorräte (insbesondere im städtischen Raum) auch nur schwer wieder auffüllen lassen. Dabei gibt es in Hinblick auf die Treibstoffversorgung in Deutschland kein Mengenproblem. Die Herausforderungen liegen vielmehr in der Organisation in der flächenmäßigen Verteilung. **Gerade die Organisation von Nachschub in punkto Treibstoffversorgung ist deshalb ein besonders wichtiger Punkt bei der Bewältigung einer mehrere Tage anhaltenden Katastrophensituation.**

Die Treibstoffbeschaffung im Katastrophenfall darf nicht verengt auf die Problematik der Aufrechterhaltung der Mobilität gesehen werden. **Auch die Notstromversorgung kritischer Infrastruktureinrichtungen ist auf die kontinuierliche Verfügbarkeit von derartigen Betriebsstoffen angewiesen.** Das gilt insbesondere für die Wintermonate, wo ohne geeignete Brennstoffe auch keine Wärmeversorgung mehr möglich ist (nur als Hinweis, alle modernen Gas-, Öl- und Pelettheizungsanlagen benötigen elektrischen Strom für ihren Betrieb). Die große Herausforderung besteht hier darin, zumindest bestimmte Sammelstellen, an denen sich Menschen aufwärmen können, dauerhaft mit Brennmaterial zu versorgen.

Übrigens, für den Autohalter kann sich sehr schnell die Frage stellen, wie man im Fall eines Blackouts seinen Treibstoff vor Diebstahl schützt. Denn Mangel weckt schnell Begehrlichkeiten...

Kommunikation

Damit kommen wir zu dem Punkt Katastrophenbewältigung. Hier spielt Organisation und Kommunikation eine ausschlaggebende Rolle. **Damit eine wie auch immer geartete Katastrophe bewältigt werden kann, müssen die verschiedenen Hierarchien der zur Krisenbewältigung zuständigen Einsatzorganisationen effektiv miteinander kommunizieren und sich auf diese Weise abstimmen können.** Auf das öffentliche Mobilfunknetz wird man höchstens am Anfang noch eine Zeitlang begrenzt zugreifen können, bis auch die Notstromaggregate der Sendeanstalten und die Notbatterien der Sendemasten ihren Geist aufgeben. Außerdem muss man schnell von einer Überlastung der Mobilfunknetze ausgehen, da es bei einem Stromausfall logischer Weise zu einer verstärkten Inanspruchnahme dieses Kommunikationskanals kommen wird. Nach allerspätestens einem Tag ist jedoch mit an Gewissheit grenzender Wahrscheinlichkeit kein Mobilfunk mehr möglich, da spätestens dann die Batterien auch der letzten Sendemasten leer sein werden. Das Handy lässt sich dann effektiv nur noch als Taschenlampe und als Kamera nutzen, vorausgesetzt, man hat entsprechende App‘s installiert und der Akku ist noch nicht leer. **Das Festnetz sowie das Internet wird übrigens bereits simultan mit dem Netzzusammenbruch ausfallen, da heutzutage das Festnetz nicht mehr analog ist (und über einen eigenen separaten Stromkreis versorgt wird), sondern digital über VoIP.** Und weil natürlich auch kein (batterieloses) Radio und kein Fernseher mehr funktioniert, ist man quasi von Eins auf null von Informationen abgeschnitten (auch eine Radio-App auf dem Smartphone hilft hier bis auf Ausnahmen nicht weiter, da sie gewöhnlich einen Internet-Zugang benötigt). Nur Organisationen, die staatlicherseits der Krisenbewältigung dienen, können noch auf Funk (auch Satellitenfunk) sowie über mit Motorrädern ausgestatteten Fernmelder zurückgreifen (oder aber der klassische „Meldereiter“ kommt wieder zu Ehren, wenn Pferd und Reiter verfügbar sind). Wie das genau geschieht und auf welche Weise mit welchen technischen Hilfsmitteln, ist in den entsprechenden Katastrophenschutzplänen gewöhnlich im Detail geregelt.

(TAB) Die durch Bundeswehr, Technisches Hilfswerk (THW) oder Telekommunikationsunternehmen im Ereignisfall einsetzbaren mobilen notstromversorgten Funktechniken und leitungsgebundenen Kommunikationsmittel sind in erster Linie für die eigenen Erfordernisse vorgesehen; für die Gewährleistung der Kommunikation von Behörden, Bevölkerung und Unternehmen in einem Großraum sind sie nicht ausgelegt.

...

Die für zentrale Kommunikationseinrichtungen vorgehaltenen Reservekapazitäten wie »Unterbrechungsfreie Stromversorgung« (USV) und Notstromaggregate (NSA) sind nach wenigen Stunden oder Tagen erschöpft bzw. aufgrund ausgefallener Endgeräte wirkungslos.

Durch den großflächigen Zusammenbruch der gewohnten Kommunikationskanäle wird die Alarmierung von Einsatz- und Hilfsorganisationen, wie Polizei, Feuerwehr und Rettung nahezu unmöglich. Ob sie aber im Zweifelsfall noch helfen könnten, steht auf einem ganz anderen Blatt...

Unter gewissen Bedingungen können wahrscheinlich noch Zeitungsverlage in Verbindung mit Druckereien, die über eine Notstromversorgung verfügen, die eine oder andere Notausgabe mit wichtigen Informationen herausgeben. Sie lassen sich dann beispielsweise an prominenten Stellen händisch verteilen oder – ganz klassisch - als Aushang gestalten. Eine Methode, die sich seit der frühen Neuzeit (Gutenberg) bewährt hat...

Quasi mit der ersten Sekunde eines überregionalen Stromausfalls geht unsere gewohnte und geschätzte „Informationsgesellschaft" wahrlich in eine Art „Informationsvakuum" über mit all seinen kaum vorstellbaren Konsequenzen für einen modernen Industriestaat...

Sicherheitslage

Je länger ein totaler großräumiger Netzausfall anhält, desto prekärer wird sich auch die allgemeine Sicherheitslage – insbesondere in Städten und Ballungsräumen – entwickeln. Ein ganz wesentlicher Punkt von Katastrophenschutzplanungen ist deshalb die Aufrechterhaltung der öffentlichen Ordnung und Sicherheit. Sie erfordert Ressourcen (Polizei, Hilfsorganisationen wie THW und DRK, in manchen Ländern Nationalgarde und im Extremfall Militär) und Einsatzgerätschaften sowie Treibstoffe, die entsprechend vorgehalten werden müssen. Dazu eine Logistik, die aber durch den Ausfall wichtiger Kommunikationsmöglichkeiten erschwert wird. Und es gibt hier noch einen Aspekt, der in einigen Ländern auch schon in praxi beobachtet wurde – deren Selbstauflösung, sobald die Lage nicht mehr beherrschbar wird oder eskaliert. Polizisten und andere Einsatzhelfer könnten dann verstärkt ihren Einsatzort spontan verlassen, wenn sie selbst zu der Einschätzung gelangen, dass ihre Familien nicht mehr sicher sind. Das könnte nach Meinung einiger Risikoforscher in besonderen Brennpunkten (z. B. Vorstädte, franz. *Banlieues*) bereits nach ca. einer Woche anhaltendem Stromausfalls geschehen...

(TAB) Ein langandauernder Stromausfall wird die Bevölkerung in Unsicherheit und Angst versetzen sowie Gefährdungen von Leib und Leben mit sich bringen. Die Forschung zum Verhalten von Individuen und Gruppen in Katastrophensituationen legt die Erwartung nahe, dass auch bei einem Stromausfall sowohl unsoziale, illegale und aggressive Aktionen als auch Mitgefühl und Hilfsbereitschaft, rationales und entschlossenes Handeln zutage treten werden. Das Wissen über die sozialen und sozialpsychologischen Dimensionen einer solchen Katastrophe ist aber ungenügend.

Mit dem Zusammenbruch der öffentlichen Sicherheit beginnt der Zerfall der Gesellschaft. Der moralische Kompass von Menschen, die von Nahrungsmitteln und Trinkwasser abgeschnitten sind, wird sich ganz schnell auf „Überlebenskampf" einstellen. Die grundgesetzlich verankerte Schutzpflicht des Staates für Leib und Leben seiner Bürger kann dann nach Meinung vieler Sicherheitsexperten nicht mehr gewährleistet werden. Jeder wird dann irgendwann einmal sich selbst der Nächste sein, sobald die innere Solidarität einer Gemeinschaft zusammenzubrechen beginnt. Das wird zuerst und besonders massiv in den Ballungszentren der Großstädte geschehen. Aber über kurz oder lang wird auch das ländliche Umfeld mehr und mehr von Städtern heimgesucht werden, die hier nach Überlebensmöglichkeiten suchen...

Behörden

Wie gut Behörden auf Katastrophenfälle in Deutschland vorbereitet sind, hat sich Beispielhaft bei den Hochwasserereignissen Mitte Juli 2021 in Westdeutschland (Stichwort „Ahrtal“) gezeigt. Und dabei handelte es sich hier „nur“ um kleinskalige lokale Wetterereignisse, wie sie alle 100 Jahre immer wieder einmal auftreten. Natürlich gibt es für alles Pläne. Was sie aber taugen, zeigt sich erst im Ernstfall – und, wenn man Glück hat, bereits bei einer Katastrophenübung. Das hat wiederum der Testlauf des „Modularen Warnsystems“ (MoWaS) des Bundes im September des Jahres 2020 gezeigt. Er ist krachend gescheitert. Hier ein Resümee einer Expertengruppe, die sich mit der Auswertung dieses „Warntags“ beschäftigt hat:

„Zu erwarten, dass ein System beim ersten Test reibungslos funktioniert, das seit Jahrzehnten nicht angemessen betreut und koordiniert eingesetzt wurde, ist naiv. Daher war genau dieser Test dringend erforderlich, um zu sehen, was funktioniert und wo es noch einen Nachbesserungsbedarf gibt. Mit dem politischen Aktionismus, den Überbringer der schlechten Botschaft zu bestrafen, wird genau das Gegenteil erreicht! Man wird wohl in Zukunft solche Tests und Übungen tunlichst vermeiden, denn es könnte ja den eigenen Kopf kosten. Daher wird man zukünftig lieber schweigen oder schönreden. Ein fatales Signal für die Katastrophenhilfe. Die Folgen wird wiederum die Bevölkerung zu tragen haben.“

Quelle: AGKritis

Das Vernünftigste ist anzunehmen, dass man sich bei einem überregionalen Blackout erst einmal nicht auf die Behörden aller Sachgebiete und Hierarchiestufen verlassen sollte. Denn Sie sind ja selbst auch vom Stromausfall betroffen und brauchen genaugenommen selbst Hilfe. Zwar gibt es für alle denkbaren Katastrophenfälle Handlungspläne. Aber ob sie sich wortgenau umsetzen lassen, wenn erst einmal solch ein Ereignis stattfindet, ist alles andere als sicher. Hier kommt es vielmehr auf Professionalität, Pragmatismus, Organisationstalent und der Fähigkeit der Improvisation an, um effektiv die anstehenden Aufgaben zu bewältigen. Das Kernproblem ist und bleibt dabei der Aufbau bzw. die Aufrechterhaltung von Kommunikationsketten, die auch weitgehend stromlos oder mit Notstromversorgung funktionieren. Hier wird es erfahrungsgemäß große Anlaufschwierigkeiten geben. Aber nur auf der Grundlage einer gesicherten Kommunikation lassen sich auch die logistischen Probleme der Katastrophenbewältigung lösen und managen. Ähnlich wie im Horrorwinter 1978/79 wird man auch nicht umhinkommen, die Bundeswehr einzusetzen, um Ordnung und Sicherheit zu gewährleisten, logistische Hilfe zu leisten und kommunikative Aufgaben zu übernehmen.

Probleme im Bereich der Landwirtschaft

Im Prinzip kann die Landbevölkerung einen Blackout etwas entspannter angehen als der typische Großstadtbewohner. Dieser Satz gilt aber nur zum Teil. Denn mit dem Netzzusammenbruch ergeben sich hier ganz andere, man kann sogar sagen, alptraumartige Szenarien – ich meine die

Tierhaltung. Das Vieh - ob Kühe, Schweine oder Geflügel werden heute größtenteils in automatisch versorgten Ställen gehalten. **Einen kleinen privaten Tierbestand wird ein Bauer vielleicht noch unter Aufbietung aller seiner Ressourcen eine Zeitlang ohne große technische Hilfsmittel am Leben erhalten können – zur Not müssen die Kühe eben per Hand gemolken werden. Aber gewöhnlich hat man es auf dem Land mit Massentierhaltung zu tun, die nur dank einer ausgefeilten Logistik beherrschbar ist. Denn man muss davon ausgehen, dass mit dem Blackout Fütterung, Tränkung, Lüftung, Heizung, Kühlung und Entmistung nicht mehr funktionieren werden.** Am schlimmsten trifft es das für die Milchproduktion hochgezüchtete Milchvieh. Milchkühe, die nicht regelmäßig gemolken werden, werden nämlich schon nach einem Tag fürchterliche Schmerzen erleiden und an den entzündeten Eutern schließlich jämmerlich verrecken. Ihr verzweifeltes „Muhen" wird sich dann noch über große Entfernungen hören lassen und vielen Menschen den Schlaf rauben! Die einzige vernünftige Lösung heißt hier Notschlachtung.

Schweine werden sich gegenseitig anfallen, wenn Futter fehlt. Fällt in ihrem Stall die Lüftung und die Kühlung aus, dann werden die Tiere innerhalb von Stunden ersticken und verenden. Die bei dieser Stallhaltung vorgeschriebenen Notstromgeneratoren sind übrigens auf maximal 12 Stunden ausgelegt, was bei einem länger andauernden Stromausfall nicht wirklich hilft...

Ein längerer Stromausfall im Bereich Massentierhaltung, der nicht durch Notstromaggregate aufgefangen wird, führt innerhalb weniger Tage zu apokalyptischen Zuständen... Foto: Thomas Fries

Und auch unter Hühnern und Puten wird es schnell zu einem Massensterben kommen, wenn die Futterversorgung aufhört, die Ställe nicht mehr ausreichend belüftet werden können oder im Winter die Heizung ausfällt. Und das wird nicht nur in einem Stall so passieren, sondern in jedem Tierhaltungsbetrieb flächendeckend im gesamten Gebiet des Stromausfalls. **Das besonders große und kaum beherrschbare Problem besteht aber letztendlich in der Tierkadaverbeseitigung. Eine verendete Kuh trägt man nicht mal eben auf die Wiese in ein Massengrab (welches ja auch erstmal jemand ausheben muss). Ohne einen Trecker mit der notwendigen Menge Diesel ist da schnell nichts mehr zu machen.** Da kann man nur hoffen, dass in den Tagen des Blackouts durchgängig Minusgrade herrschen. Ansonsten wird sich schnell ein unangenehmer Kadavergeruch über die Dörfer legen. Die Wahrscheinlichkeit, dass selbst im Sommer ein größerer Tierbestand über ein, zwei Wochen Stromausfall gerettet werden kann, ist eigentlich nicht vorhanden. Ob sich letztendlich die damit einhergehende Seuchenlage meistern lässt, sei einmal dahingestellt. Auf jeden Fall relativiert sich damit die ansonsten etwas bessere Katastrophenlage in Bezug auf die Städter doch erheblich.

Aber nicht nur die Nutztierhaltung ist betroffen. Auch Gewächshäuser benötigen Strom. Wenn er längere Zeit ausfällt, werden die darin angebauten Pflanzen über kurz oder lang eingehen. Auf jeden Fall wird es zu einer Zäsur in der Lebensmittelproduktion kommen, selbst wenn nach ein, zwei Wochen die Stromversorgung wiederhergestellt ist.

Auswirkungen auf die Industrie

Hält der Stromausfall mehrere Tage an, dann werden Industrie- und Gewerbebetriebe größtenteils ihren Betrieb einstellen. Einige von ihnen, nämlich diejenigen, die flüssige Metalle oder Glas in ihrem Produktionsprozess vorhalten müssen, erleiden Totalschäden. Das betrifft beispielsweise Aluminiumhütten, Stahlwerke, Gießereien und Glasfabriken, um nur Einige zu nennen. Auch die chemische Industrie als Großabnehmer von elektrischen Strom, wird fundamental betroffen sein. Dabei können sogar u. U. Chemieunfälle mit kaum vorhersagbaren Folgen ausgelöst werden. Kurz gesagt, irreparable Schäden entstehen überall dort, wo Fertigungsprozesse ablaufen, die geregelt heruntergefahren werden müssen. Auch das Personal wird schnell zu einem Problem. **Das beginnt damit, dass viele**

ihren Arbeitsplatz aufgrund der eingeschränkten Mobilitätsmöglichkeiten nicht mehr erreichen und endet damit, dass die Sorge um die Familie viele Mitarbeiter veranlasst, lieber zuhause zu bleiben als sich auf den Weg zur Arbeit zu machen.

Weiterhin fallen natürlich alle Alarmanlagen und andere Sicherheitsanlagen aus, was u. U. dazu führen kann, dass sicherheitsrelevante Anlagen von Unbefugten unbemerkt betreten werden können. Auch der Diebstahlschutz ist ohne elektrischen Strom mit den herkömmlichen Methoden nicht mehr gewährleistet (Frage: Wie sieht es eigentlich in diesem Zusammenhang mit unseren Museen und Galerien aus?).

Und selbst, wenn die Stromversorgung wieder hergestellt ist, wird es Wochen und Monate dauern, bis alle Anlagen, Lieferketten und Verkaufskanäle wieder zufriedenstellend funktionieren. **Ein überregionaler, länger andauernder Blackout ist ein Super-GAU für ein Industrieland, deren Schäden sich im Vorfeld monetär kaum seriös abschätzen lassen** (der mehrtägige Stromausfall im dünn besiedelten Münsterland im Jahr 2005, genannt „Münsterländer Schneechaos“, löste Schäden von schätzungsweise 130 Millionen Euro aus).

Bereits ein Blackout, der großflächig nur wenige Tage dauert, kann mittel- und langfristig zu quasi irreversiblen Schäden in der industriellen Infrastruktur einer Industrienation führen. Es gilt hier die Regel: **Je weniger industrialisiert eine Nation ist, desto resilienter ist sie gegenüber einem Blackout.**

Auswirkungen auf das individuelle Leben und auf die Familie

Nun, Amazon wird nicht mehr liefern können. **Ein Blackout-Szenario, wie es diesem Ratgeber zugrunde liegt, ist ein plötzliches, einschneidendes Ereignis, welches die betroffenen Menschen vor nicht geahnte Herausforderungen stellt. Denn es wird das gewohnte Leben völlig auf den Kopf stellen und Dinge, die sonst „normal" sind, zu riesigen Problemen auswachsen lassen.**

Das beginnt schon mit der Frage, ob ein „Stromausfall" nur ein harmloser temporärer („nach 20 Minuten ist der Strom wieder da") Stromausfall ist oder ob es sich um einen „echten" Blackout handelt, der überregional für eine längere, unbestimmte Zeit die Lichter ausgehen lässt. Denn davon hängt entscheidend ab, was man nun tun sollte. Doch wie kann man im Moment des Eintretens entscheiden, welcher Fall hier vorliegt? Wir werden noch darüber sprechen (siehe Abschnitt: „Was tun, wenn der Strom ausfällt").

„Schön" ist es, wenn der Blackout eintritt, wenn alle Familienmitglieder zuhause sind. Aber das wird wohl eher nicht der Fall sein: Die Kinder sind vielleicht gerade in der Schule und das Nesthäkchen im Kindergarten oder in der Krippe. Die Mutter arbeitet in einem Supermarkt am anderen Ende der Stadt und der Familienvater ist gerade mit dem Dienstwagen auswärts bei einem Kunden. Das Stichwort, um das es hier geht, ist „Familienzusammenführung".

Wenn alle wiedervereint sind, wird die Frage nach der Nahrungsbeschaffung (einschließlich Trinken) akut, wenn man nicht entsprechend vorgesorgt hat. Denn der Kühlschrank ist nun auch kein sicherer Hort mehr zur Lagerhaltung, denn schon nach kurzer Zeit wird er seine Zweckbestimmung aufgegeben haben. Es gilt also, die dort eingelagerten Lebensmittel schnell zu verwerten oder sie in einen länger lagerfähigen Zustand zu überführen. Aber mit Kochen ist auch nichts, denn der hypermoderne Elektroherd braucht Strom um zu funktionieren. Was also tun?

Und dann – die Katastrophe – die Toilette. Die Spülung funktioniert nicht mehr, da der Leitungsdruck abgefallen ist. Denn die Pumpen der Wasserversorgung stehen still. Gut, wenn man da ein Häuschen mit Garten oder eine größere Anzahl von Müllsäcken gebunkert hat...

Tritt der Blackout im Winter auf (was durchaus zu erwarten ist), dann wird es schnell kalt in der Wohnung. Moderne Öl-, Gas- und Pelletheizungen brauchen Strom für ihren – ganz modern – computergesteuerten Betrieb. Auch Zentralheizungen funktionieren nicht mehr – und Elektroheizungen inklusive den beliebten Heizstrahlern sind ohne Strom bekanntlich völlig nutzlos. Da erinnert man sich gern an die Kindertage, als man sich im Winter bei Oma auf dem Land am warmen Kachelofen wärmen konnte...

Apropos Oma. Oma ist jetzt im Pflegeheim. Und auch dort wird es schnell ungemütlich. Sollte man nicht mal im Familienrat zusammen überlegen ob es nicht besser wäre, sie in der kritischen Zeit nach Hause zu holen?

Am ersten Tag des Stromausfalls werden die meisten Menschen die Sache noch relativ entspannt angehen. Ein Abend bei Kerzenschein (wenn man welche hat) kann auch mal ganz schön und gemütlich sein. Gespräche mit den Nachbarn über Mutmaßungen, über Gerüchte und Berichte über Verkehrsunfälle wegen ausgefallener Ampel etc. helfen die Zeit totzuschlagen, immer in der Hoffnung, dass das Licht wieder angeht. Aber es geht nicht an...

Mit dem nächsten stromfreien Tag beginnen die Probleme langsam zu eskalieren. Man hört gerüchteweise, dass der Supermarkt nachmittags wieder geöffnet haben soll – aber nur Barzahlung möglich ist. Was macht man, wenn in der Geldbörse nur EC- und Kreditkarten stecken? Zum nächsten Geldautomaten laufen, Bargeld abheben? (Dort prangt übrigens ein mit Klebeband befestigtes Schild mit der Aufschrift „Außer Betrieb"). Und alle Banken und Sparkassen sind geschlossen.

Der Parkplatz vor dem Supermarkt ist vollkommen belegt. Am Eingang hat sich martialisch die Security positioniert und die Menschenschlange ist um vieles größer, als Einkaufswagen vorhanden sind. Die Leute, die mit übervollen Einkaufswagen den Supermarkt verlassen, werden immer böser beäugt, weil viele in der Schlange langsam ahnen, dass für sie nicht mehr viel übrigbleiben wird... Genauso sieht es übrigens beim Baumarkt aus, den vorausschauend die Geschäftsleitung geöffnet hat, wohlwissend, dass er sonst in den nächsten Tagen mit an Gewissheit grenzender Wahrscheinlichkeit geplündert wird...

An der nächsten Tankstelle hat sich deren Pächter bereits verkrümelt, weil sich der Unmut der Autobesitzer, die noch einmal voll tanken möchten, in pure Aggression umgeschlagen hat. Dabei hat er doch eine ganze Weile versucht, ganz ruhig zu erklären, dass zwar sein unterirdischer Tank frisch gefüllt ist, aber die Pumpen in den Zapfsäulen ohne Strom nicht funktionieren und auch kein Anschluss eines Notstromaggregats vorhanden ist.

Mittlerweile ist auch das Handynetz ausgefallen. Schon Stunden davor musste man viel Geduld aufbringen, weil das Netz ständig überlastet war. Nun wird das Smartphone nicht mal mehr zur Bespaßung der Kinder dienen können, denn der Akku macht langsam endgültig schlapp...

Am dritten Tag wird beschlossen, zuhause zu bleiben und die Dinge abzuwarten, die da kommen. Zu Mittag gibt es Ravioli aus jener Büchse, die schon seit Wochen im Küchenschrank herumstand. Aber leider kalt, da es keine Möglichkeit gibt, die Büchse zu erwärmen. Aber was soll's. Der Hunger treibt's rein, wie Oma früher immer zu sagen pflegte. Das leckere Fischfilet, welches nun völlig aufgetaut im Kühlschrank lag, wollte jedoch keiner essen. Denn wer isst schon rohen Fisch? Also ab in den Abfallbeutel...

Gegen Abend klopft die Nachbarin an die Tür und fragt, ob wir nicht ein paar Haushaltskerzen über hätten. Sie würde auch gerne tauschen und holte hinter ihrem Rücken schmunzelnd eine gute Flasche Schottischen Whiskey hervor. Ja, die Versuchung ist groß. Aber leider haben wir selbst keine Kerzen. Pech gehabt. Aber für einen kleinen Plausch über die missliche Lage hat das Treffen jedenfalls ausgereicht...

Die Temperatur in der Wohnung erreicht langsam den Wert der Außentemperatur. Und die ist Anfang März noch nicht sonderlich hoch. Jeder hat so viel angezogen, wie es Sinn macht und sich in eine Decke gekuschelt. Und selbst die alte löchrige Wolldecke aus dem Keller wurde reaktiviert und den frierenden Nachbarn zur Verfügung gestellt...

Am nächsten Morgen klopfte (die Klingel funktioniert ja nicht mehr) ganz intensiv der Hausmeister an die Tür. Er informierte uns, dass die Haustür den ganzen Tag verschlossen zu halten ist und übergab uns freundlicherweise noch einen Ersatzschlüssel. Denn, wie er aufgeregt berichtet, hat es in der Nacht ein paar Blöcke weiter bereits eine Anzahl von Einbrüchen und Einbruchsversuche gegeben. Dabei soll ein Frührentner zusammengeschlagen und ausgeraubt worden sein, von einer „Jugendgang", sagt man...

An die tägliche Notdurft in einen Plastik-Müllbeutel hat sich mittlerweile jeder in der Familie gewöhnt und seine eigene Technik dazu entwickelt, denn das WC funktioniert schon seit drei Tagen nicht mehr. Nun stapeln sich die Beutel, gut zugebunden, in der Duschkabine. Kein schöner Anblick. Aber dafür stinkt es in der kalten Wohnung nicht...

Am fünften Tag liegen alle Nerven blank, seitdem der Versuch, Lebensmittel zu beschaffen, fehlgeschlagen ist. Zum Glück haben wir die letzten Tage auf das Waschen verzichtet, so dass noch genug Wasser zum Trinken da ist. Denn geistesgegenwärtig hatten wir am Abend des Stromausfalls noch unsere 5 Plasteeimer mit Wasser gefüllt. Kurz danach versiegte jedoch Wasserstrahl aus der Leitung und kam auch nicht wieder...

Zum Abend gab es Spaghetti. Einen halben Tag eingeweicht in kaltem Wasser wurden sie zwar biegsam, aber selbst mit dem restlichen Tomatenketchup wollte kein so richtiges italienisches Flair aufkommen...

Sechster Tag. Wir überlegen uns, die Stadt zu verlassen und uns zu Tante Trude auf dem Land durchzuschlagen. Aber damit wird wohl nichts. Der Sprit im Tank meines Renaults reicht höchstens für die halbe Strecke. Und Sprit gibt es eh nirgends. Also beschloss ich, einen Erkundungsgang durch die Stadt zu machen. Vielleicht gibt es irgendwo etwas gegen Essbares zu tauschen. Im Angebot: Eine Schachtel Zigarren, die ich als Nichtraucher vor einigen Jahren zu meinem 40. Geburtstag geschenkt bekommen habe...

....

Tipp: Wenn Sie es nicht schon getan haben, dann lesen Sie das Buch „Blackout – Morgen ist es zu spät" von Marc Elsberg. Auch die auf diesem Roman aufbauende Verfilmung hilft ein wenig, die Problemlage eines Blackouts zu visualisieren, obwohl er nicht annähernd in der Lage ist, dessen „Realität" zu widerspiegeln.

Unterschätzte Nachwirkungen

Selbst wenn nach einigen Tagen oder schlimmstenfalls ein, zwei Wochen die Stromversorgung wieder hergestellt ist (wir wollen ja Optimisten bleiben), ist damit lange noch nicht die Krisensituation vorbei. Denn in allen diesbezüglichen Szenarien werden die Folgewirkungen eines Blackouts ausnahmslos unterschätzt oder weitgehend verdrängt. **Die**

Gesellschaft wird notgedrungen in eine Art „Notbetrieb" übergehen müssen. Administrativ bedeutet das nichts anderes als das Ausrufen eines nationalen Notstandes. Gerade in solch einem Fall ist es schwierig, im Vorfeld das Verhalten der Bevölkerung, insbesondere in Großstädten, einzuschätzen. Versorgungsengpässe werden noch lange andauernd, weil sich die heute fest etablierte und bis ins Kleinste durchorganisierte Just-in-Time-Lebensmittelversorgung nicht in wenigen Wochen wieder aufbauen lässt. Auch die öffentliche Verwaltung und natürlich die Industrie wird riesige Anlaufschwierigkeiten zu bewältigen haben, bis alles wieder funktioniert. Man denke hier nur an die Rohstoffbeschaffung, die Reorganisation von Lieferketten und Handelsbeziehungen, Personalprobleme etc. pp. Und welche längerfristigen Auswirkungen ein Blackout allein auf die Geldwirtschaft haben wird, möchte man vielleicht gar nicht wissen...

Trotz aller möglichen Überlegungen muss mit zahlreichen Überraschungen, durchaus auch mit positiven, gerechnet werden. Wir sind als mitteleuropäische Gesellschaft nicht mehr gewohnt, mit Ungewissheiten und Unsicherheiten umzugehen. Daher ist es umso mehr wichtiger, sich mit dem Thema Resilienz auseinanderzusetzen. Denn in hoch vernetzten Systemen nimmt die Wahrscheinlichkeit von Strategischen Schocks bzw. „Schwarzen Schwänen" – extrem seltene Ereignisse, aber mit enormen Auswirkungen – zu.

Herbert Saurugg, österreichischer Sicherheitsexperte

Zusammenfassung

Die Ausführungen hier sollen nur ein paar Denkanstöße sein, die zeigen, dass es nicht unklug sein kann, gewisse Vorkehrungen in Bezug auf solch ein Ereignis zu treffen. **Denn der Staat wird mit Sicherheit nicht helfen können. Im Extremfall – so schätzen einige Experten ein – wird es nach einem großflächigen Blackout bis zu drei Wochen dauern, bis das Stromnetz wieder genau so stabil wie vorher funktioniert.** Diese Zeit gilt es möglichst ohne Gefahr für Leib und Leben zu überstehen. Aber auch damit ist aufgrund der bis dahin entstandenen irreparablen Schäden die Fahnenstange noch längst nicht erreicht, denn nicht nur das Stromnetz, auch große Teile der gesellschaftlichen und industriellen Infrastruktur steht vor einem Neuanfang.

(TAB) *„Vor dem Hintergrund der Erfahrung mit bisherigen nationalen wie internationalen Stromausfällen lässt sich sagen, dass ein langandauernder Stromausfall erhebliche Kosten verursachen wird: durch primäre Personen- und Sachschäden sowie weitere betriebswirtschaftliche und volkswirtschaftliche Folgeschäden aufgrund von Verzögerungen und Ausfällen bei Dienstleistungen und produzierendem Gewerbe. Diese werden weit über das eigentliche Schadensereignis hinausreichen ... Es darf vermutet werden, dass für ein mehrwöchiges Stromausfallszenario mit einer Vielzahl von Nebenfolgen sowie Auswirkungen auf andere kritische Infrastrukturen weitere unmittelbare Kosten zu erwarten sind, wobei diese wahrscheinlich nach kurzer Zeit exponentiell ansteigen. Ferner müssen die späteren Kosten für die Beseitigung von Schäden und die sukzessive*

Wiederinbetriebnahme aller Abläufe in Wirtschaft und Gesellschaft in Rechnung gestellt werden ... Über die ökonomische Perspektive hinaus sollten aber auch die gesellschaftlichen Kosten eines in seinen Folgen katastrophalen Stromausfalls bedacht werden."

Was bereits ein vergleichbarer kleiner Stromausfall bewirken kann, zeigt das Beispiel „Berlin Köpenick" vom 19. Februar 2019, der weitgehend unter Kontrolle gehalten werden konnte. Hier waren ca. 31 Stunden lang 34.000 Wohnungen und ca. 2000 Betriebe von der Energieversorgung abgeschnitten. Die Ursache lag bei Bauarbeiten an einer Brücke, bei der zwei wichtige Stromleitungen zerstört worden sind. Infolgedessen musste ein Krankenhaus seine Intensivpatienten verlegen, Schüler erhielten schulfrei und vor Banken und Sparkassen zog Wachpersonal auf. Die Straßenbahnlinien der Berliner Verkehrsbetriebe stellten im Raum Köpenick ihren Betrieb ein und öffentliche Einrichtungen wie Schulen und Kitas blieben geschlossen. Nachts mussten die Bürger bei Kälte (da die Blockheizkraftwerke in Köpenick und Friedrichshagen abgeschaltet werden mussten) und Kerzenlicht verbringen und in den Kühlregalen der Supermärkte verdarben tonnenweise Lebensmittel. Durch die professionelle Arbeit von THW, Feuerwehr und Rettungsdienste hielten sich jedoch die Schäden in Grenzen und es blieb im Großen und Ganzen im Gefühl der Bürger nur ein großes Ärgernis zurück. Trotzdem dürfte sich der Gesamtschaden nach ersten Schätzungen im mittleren zweistelligen Millionenbereich ansiedeln. **Auf jeden Fall hat aber dieses Ereignis, über welches natürlich in Funk und Presse ausführlich berichtet würde,**

die Sensibilität der Bürger auf plötzlich eintretende Katastrophenerscheinungen erhöht und viele werden sich jetzt fragen, wie man sich auf ein solches unverhofft eintretendes Ereignis am besten vorbereiten kann. Und dafür gibt es durchaus eine Vielzahl von Möglichkeiten.

Stromausfall in Berlin-Köpenik 2019. Quelle: Märkische Allgemeine

Instinktiv können wir Menschen mental (ob real mag hier dahingestellt bleiben) besser mit Gefahren fertig werden, wenn wir darauf vorbereitet und darauf eingestellt sind.

Ortwin Renn, Risikoforscher

Allgemeines zum Thema „Krise" und „Krisenvorsorge"

Bevor wir ins Detail gehen, erst einmal ein paar Allgemeinheiten und Plattitüden, was die individuelle Katastrophenvorsorge betrifft, auch wenn wir uns wiederholen werden. **Das Allerwichtigste ist eine sinnvolle Bevorratung von Wasser und Lebensmitteln.** Dabei müssen Sie auch beachten, dass eine Vielzahl von Lebensmitteln einer speziellen Zubereitung bedarf, aber bei einem Stromausfall natürlich keine Elektroherde, keine Mikrowelle und auch keine Wasserkocher mehr funktionieren. Hier sollten Sie über die Anschaffung eines Camping-Gaskochers und einer entsprechenden Zahl von Gaskartuschen nachdenken, wenn sie die Zeit des Stromausfalls nicht nur bei kalter Küche zubringen möchten. Auch ein Grill im Garten oder auf dem Balkon (nicht in der Wohnung!) kann zur Zubereitung von Speisen verwendet werden. Aber dabei Streichhölzer oder Feuerzeuge nicht vergessen. Oder wissen Sie, wie man ohne diese Dinger einen Grill anzündet?

Das Bundesamt für Bevölkerungsschutz und Katastrophenhilfe empfiehlt immer einen Wasser- und Lebensmittelvorrat im Haushalt zu deponieren, der für alle Personen für mindestens 10 Tage ausreicht. Was man konkret bunkert, hängt dabei u. a. von persönlichen Vorlieben, eventuellen Allergien sowie Diät-Vorschriften ab. Auf jeden Fall sollten die Lebensmittel lange haltbar sein und sich mit möglichst wenig Energieaufwand zubereiten lassen. Der Tagesbedarf für einen Erwachsenen liegt dabei ungefähr bei einem Brennwert von 2200 kcal und bei Wasser bei ca. 1,5 Liter, wobei diese Menge noch nicht die Wassermenge enthält, die man eventuell zur Speisenzubereitung benötigt. Da man nicht genau weiß, wie lange die Krisensituation anhält, sollte man beim Verbrauch trotzdem sparsam vorgehen.

Wenn Sie auf Medikamente angewiesen sind, kann eine Bevorratung lebenswichtig sein. Gehen Sie nicht davon aus, dass nach einem totalen Stromausfall Apotheken noch in nennenswerter Menge Medikamente ausliefern können. Und auch ihr Hausarzt, sollte er noch erreichbar sein, kann ihnen nur in den seltensten Fällen aushelfen.

Denken Sie auch daran, dass ohne Strom keine moderne Toilette mehr funktioniert (Stichwort: Spülung). Während man in einem Dorf sich schnell ein Provisorium im Garten basteln kann, ist das im Fall einer Stadtwohnung meist nicht möglich. Hier müssen Sie davon ausgehen, dass es sehr schnell zu unhygienischen Zuständen kommen wird, wenn Sie die „Geschäfte" wie gewohnt erledigen... Der ultimative Tipp ist hier – denken Sie über einen Vorrat an Plastesäcken geeigneter Größe nach. Wertvolles Trinkwasser jedenfalls sollten Sie bei einem erwarteten längeren Stromausfall auf keinem Fall als Toilettenspülflüssigkeit verwenden.

Gerade im Winter kann schnell eine unbeheizte Wohnung zum Problem werden. Die meisten modernen Heizungen – wie z. B. Gasheizungen – benötigen sekundär elektrischen Strom, um überhaupt betrieben zu werden. Wer hier noch einen funktionsfähigen Kachelofen oder einen Kamin sein Eigen nennt, ist schwer von Vorteil. Voraussetzung ist natürlich, dass man genügend Heizmaterial zur Verfügung hat. Andernfalls muss man sich warm anziehen. Auch ist ein Daunen-Schlafsack pro Person in solch einem Fall eine durchaus kluge und nützliche Anschaffung.

Neben diesen grundsätzlichen Dingen sollten noch eine größere Menge von Teelichtern / Kerzen + Streichhölzer / Feuerzeuge, eine größere Anzahl von Batterien (AA und AAA), eine stromsparende LED-Taschenlampe / Kurbeltaschenlampe sowie ein batteriebetriebenes Radio / Kurbelradio zur Grundausstattung gehören. Radio-Apps auf dem Smartphone sind meistens ungeeignet, da sie eine Internet-Verbindung benötigen. Die wird es aber nicht geben...

Auch die Anschaffung eines Notstromaggregats plus einer entsprechenden Menge an Diesel kann durchaus hilfreich sein, um eine stromlose Zeit zu überbrücken. Aber überlegen Sie genau, ob es in Ihrem Kontext auch wirklich Sinn macht und vielleicht eine leistungsfähige Powerbank mit Solarzellen zum Nachladen in Ihrer Situation eine bessere Alternative ist.

Manche Hausbesitzer mit einer Solaranlage auf dem Dach und ein paar Batteriespeicher im Haus denken vielleicht, dass sie dadurch autonom vom Stromnetz sind. Das wird aber in den meisten Fällen ein Irrtum sein, da Solaranlagen gewöhnlich selbst Strom von „außen“ benötigen, um in der gewünschten Form zu funktionieren. Nur Solaranlagen mit speziellen Wechselrichtern, die einen autonomen Inselbetrieb ermöglichen, sind in stromlosen Zeiten hilfreich. Auch sollte einen bewusst sein, dass die verfügbare Leistung höchstens für die Hausbeleuchtung und für den Betrieb einiger elektronischer Geräte ausreichen wird. Schon mit dem Betrieb eines Elektroherdes ist eine Solaranlage auf dem Dach völlig überfordert.

Alle Lichter sind aus. Was tun? Quelle: dpa

Und lassen Sie sich nicht irre machen, wenn die Politik Leute, die sich auf Ausnahmesituationen aktiv vorbereiten, als „Prepper“ bezeichnet und sie in eine Ecke mit Rechtsradikalen und Reichsbürger steckt. Es sind meist Leute wie Du und ich, die aber den Schuss bereits gehört haben und sich deshalb Sorgen um ihre Familie und Freunde machen. Und wenn es nicht zu einer Katastrophe kommt, dann umso besser. Vorsorgen ist immer besser als sorglos leben und die Dinge auf sich zukommen lassen, bis es irgendwann einmal zu spät ist...

Was tun, wenn der Strom ausfällt

Bevor wir uns mit der Vorbereitung auf einen länger andauernden Stromausfall befassen, nehmen wir einmal an, dass auf einmal plötzlich der Strom weg ist. Was ist dann zu tun? Und zwar ganz unabhängig davon, ob man sich aktiv auf solch einen Vorfall eingestellt hat oder nicht.

Gut, der Strom ist weg. Alle Lampen in der Wohnung leuchten nicht mehr. Das Notebook arbeitet zwar mit Batteriespannung weiter, aber das WLAN und damit auch das Internet sind vollkommen tot (der Router braucht zumindest Strom). Auch das Festnetztelefon lässt keinen Signalton mehr von sich hören etc. pp. Das kann im Wesentlichen drei Gründe haben:

a) ein Kurzschluss hat die Versorgung der Wohnung bzw. des Hauses gekappt
b) ein lokaler Stromausfall ist aufgetreten, weil blöderweise ein Bagger versehentlich eine Erdleitung beschädigt hat, was zur sofortigen Netzabtrennung eines Stadtgebietes geführt hat
c) ein überregionaler Blackout hat sich ereignet. Quasi das ganze Land und vielleicht auch das umliegende Ausland sind ohne elektrischen Strom. Der Grund könnte bei-

spielsweise eine unbeherrschbare Unterdeckung des Verbundnetzes durch Ausfall wesentlicher Kraftwerkskapazitäten bei steigendem Stromverbrauch sein.

Der erste Fall, der auch der Wahrscheinlichste ist, lässt sich schnell prüfen. Ein Blick in den Sicherungskasten sollte dazu genügen.

Um zu entscheiden, ob Fall b) oder Fall c) vorliegt, benötigt man ein Handy. Da bei einem Stromausfall der Mobilfunk noch mindestens zwei Stunden funktionieren sollte, ist es die beste Idee, zuerst einmal einen entfernten Verwandten oder Freund anzurufen um zu erfragen, ob er noch Strom hat oder nicht. Wenn ja, kann man von einem regionalen Ereignis ausgehen und braucht sich wahrscheinlich keine allzu großen Sorgen machen. Wenn nein, dann ist die Wahrscheinlichkeit für einen „richtigen" Blackout schon sehr hoch. In diesem Fall empfiehlt es sich, eine Festnetz-Nummer im angrenzenden Ausland anzurufen. Das kann irgendeine Nummer, auch einer ihnen unbekannten Person, sein. Wenn bei wiederholten Versuchen niemand den Anruf entgegennimmt bzw. der Anschluss „tot" ist, dann kann man schon fast sicher sein, dass es sich bei dem Stromausfall um ein überregionales Ereignis handelt.

Einen Anruf mit dem Handy bei einer Notrufnummer wie 112 oder beim örtlichen Energieversorger sollte man am besten gleich ganz sein lassen, denn diese Idee werden außer Ihnen noch viele Tausend andere Betroffene haben...

Sollte diese hier vorgestellte Methode nicht funktionieren, weil beispielsweise das Mobilnetz gerade überlastet oder vielleicht auch schon ausgefallen ist, dann hilft u. U. ein gewöhnliches Radio weiter (natürlich keines auf Internetbasis). Sollten dort nur noch einige Hauptsender zu empfangen und beliebte „Kleinsender" ausgefallen sein (diese haben meistens keine Notstromversorgung zur Aufrechterhaltung des Sendebetriebes), dann ist mit hoher Wahrscheinlichkeit der Stromausfall ein überregionaler Blackout und alle Alarmglocken sollten angehen..

Der nächste Schritt muss (!) nun sein, alle eben noch mit Strom versorgten Geräte auszuschalten. Das bedeutet aber nicht nur, den „Schalter" umzulegen. Sie sollten von Fernseher, Kühlschrank, Musikanlage etc. möglichst auch den Stecker ziehen. Diese Maßnahme dient zwei Zwecken. Einmal schützt diese Maßnahme ihre Geräte vor eventuellen Beschädigungen, sollte plötzlich der Strom wieder da sein (Problem auftretender Netzschwankungen). Und zum anderen hilft das später dem Netzbetreiber, die nach einem Kaltstart notwendige Zuschaltung von Verbrauchern ohne größere Störungen zu realisieren, da dann die plötzlich einsetzende Netzlast nicht zu hoch ist. Was man aber auf jeden Fall noch tun sollte, ist eine Zimmerlampe eingeschaltet zu lassen. Sie dient nämlich als Detektor dafür, dass, wenn sie leuchtet, wieder Strom im Hausnetz verfügbar ist.

Übrigens, um nachts festzustellen, ob das Problem am Sicherungskasten oder doch eher extern besteht, reicht oftmals ein Blick aus dem Fenster...

Besitzen Sie ein batteriebetriebenes herkömmliches Radio (kein Internetradio, denn das funktioniert bei Stromausfall nicht), dann sollten Sie als nächstes versuchen einen Sender zu finden, der Sie mit Informationen über die Art des Stromausfalls versorgt. Später können das auch ausländische Sender sein (wenn erreichbar), denn auch Radiostationen können nur eine relativ kurze Zeit per Notstrom betrieben werden.

Tipp: Es ist sinnvoll, sich eine Liste von Radiofrequenzen größerer (!) in- und ausländischer Radiosender anzulegen und in Papierform für den Notfall zu deponieren. Das vereinfacht bei Bedarf die Sendersuche bei Verwendung batteriebetriebener Weltempfänger.

Nun gilt es die Familie zusammenzuführen, wenn das nicht schon der Fall ist. Auch hier ist zu bedenken, dass das Mobilfunknetz in den nächsten Minuten immer mehr belastet wird und nach ca. 20 Minuten bis 2 Stunden gänzlich ausfällt. **Deshalb sollte schon im Vorfeld jedem Familienmitglied klar sein, was in einem Katastrophenfall zu tun ist.** Ziel muss es sein, dass sich die gesamte Familie zeitnah in der Wohnung zusammenfindet, um die nächsten Handlungen gemeinsam abzusprechen. Insbesondere sollte sichergestellt werden, dass die Kinder schnellst möglichst den Weg nachhause finden. Das kann durch Abholung geschehen (da der Nahverkehr und wahrscheinlich auch eventuelle Schulbusse ausfallen) oder die Kinder werden instruiert, so schnell wie möglich (wenn zumutbar) zu Fuß den Weg in die elterliche Wohnung anzutreten. Wichtig in solch einer Situation ist es immer zu wissen, wo sich jedes Familienmitglied gerade aufhält. Einige weitere Hinweise und Tipps zu diesem äußerst wichtigen Thema finden Sie auch im Folgekapitel „Der Notfallplan".

Ist man sich ziemlich sicher, dass der Stromausfall nicht nur ein lokales temporäres Ereignis ist, sollte man beginnen, alle größeren Gefäße wie die Badewanne oder alle verfügbaren Eimer mit Leitungswasser zu befüllen. Denn mit etwas Glück funktionieren die Wasserhähne noch eine gewisse Zeit, bis auch deren Wasserstrom endgültig versiegt. Denn die Verfügbarkeit von Wasser in Form von Brauchwasser ist für die nächsten Tage mindestens genauso wichtig wie der Notvorrat an Mineralwasser und an Lebensmitteln im Keller. Wenn Sie sich keinen Notvorrat angelegt haben, dann haben Sie – insbesondere als Stadtbewohner – ein ernstes Problem. Dann sollten Sie zumindest ein Familienmitglied abstellen um zu eruieren, an welchen Orten man eventuell noch kurzfristig Lebensmittel beschaffen kann. Am Anfang der Katastrophenlage werden jedenfalls erst einmal alle Einkaufsstätten (insbesondere Supermärkte) geschlossen sein. Aber irgendwann wird man sie kurzfristig öffnen müssen, um späteren Plünderungen vorzubeugen. Und zu diesem Zeitpunkt sollte man dann auch vor Ort sein, um nicht leer auszugehen.

Und jetzt noch ein paar Stichpunkte zum Thema:

- Führen Sie sofort eine Revision der vorhandenen Lebensmittel einschließlich der Getränke durch und überlegen Sie sich, wie sie damit die nächsten ein, zwei Wochen über die Runden kommen. Wenn Sie in einem frei zugänglichen Wohnblock mit Keller wohnen, dann sollten Sie auf jedem Fall die in ihrem Keller gelagerten Lebensmittel in die Wohnung holen (Diebstahlschutz).

- Haben Sie Brennmaterial im Haus? (Haushaltskerzen, Teelichter, Grillanzünder und Grillkohle, Flüssiggas, Spiritus bzw. Spiritustabletten für einen eventuell vorhandenen Campingkocher, Streichhölzer und Feuerzeuge)

- Wie viel Bargeld ist in der Summe vorhanden? Denn wenn es irgendwo noch etwas zu kaufen gibt, dann nur gegen Barzahlung.

- Im Winter eruieren Sie, was Sie an wärmender Kleidung und an Decken zur Verfügung haben. Ohne Heizung kühlt eine Wohnung erfahrungsgemäß schon in wenigen Stunden schnell aus. Für die Tage darauf sollte man sich irgendwie kundig machen, ob und wo in der Umgebung, z. B. von der THW, „Wärmeinseln" eingerichtet werden, wo man sich bei klirrender Kälte einmal richtig aufwärmen kann. Vermeiden Sie aber unbedingt eine „Bastelheizung" mit offenem Feuer in der Wohnung! Sie können bei Unachtsamkeit damit ihre ganze Wohnung bzw. Haus abfackeln oder, bei Kohlenmonoxidausdünstungen, schnell und lautlos ins Nirwana hinüberdämmern. Auf jeden Fall wird es schwierig oder unmöglich, die Feuerwehr zu informieren. Und selbst wenn das gelingt, ist es höchst fraglich, dass sie dann auch am Brandort erscheint...

- Besitzen Sie eine Notstromversorgung, dann überprüfen Sie, ob sie auch genauso wie vorgesehen funktioniert. Anhand der Menge der dazu notwendigen Brennstoffe können Sie ermitteln, wie lange sie für welchen

Zweck eingesetzt werden kann. Und betreiben sie diese auch so unauffällig wie möglich.

- Prüfen Sie, wie viel Sprit noch in Ihrem Auto ist und wie viel Sie eventuell noch in Reservekanistern haben. Dann können Sie in etwa abschätzen, wie weit Sie kommen, wenn Sie aus irgendeinem Grund ihren Wohnort verlassen müssen. Wenn Sie Ihr Fahrzeug frei zugänglich abstellen müssen, dann überlegen Sie sich, den Tankinhalt in Reservekanister umzufüllen, um Diebstahl vorzubeugen.

- Suchen Sie Kontakt mit Ihren unmittelbaren (!) Nachbarn. Vielleicht können Sie sich ergänzend unterstützen. Ansonsten halten Sie sich gegenüber anderen Personen bedeckt, insbesondere dann, wenn Sie vorgesorgt haben.

- Gibt es in ihrer unmittelbaren (!) Nachbarschaft hilfsbedürftige Personen, dann unterstützen Sie diese im Rahmen Ihrer Möglichkeiten. Auch das hilft die Zeit des Blackouts zu überstehen und lenkt von eventuell aufkommenden Ängsten ab.

- **Wenn Sie oder jemand in der Familie Mitarbeiter einer Firma oder Institution sind, die für die Aufrechterhaltung der kritischen Infrastruktur unabkömmlich sind (Gesundheitswesen, THW, Polizei, Energieversorgung etc. pp), dann sollten Sie pflichtbewusst ihrer Tätigkeit weiter nachgehen.** Das kann auch die Familiensituation etwas entlasten, weil dann ihre Arbeitgeber natürlich auch ihre Versorgung zum Teil übernehmen werden. Was bleibt, ist natürlich weiterhin die Ungewissheit, weil die gewohnten Kommunikationsmöglichkeiten zwischen Ihnen und den Rest der Familie ausgefallen sind. Als VIP-Personal von Krankenhäusern, Pflegeheimen, der Sicherheitsorgane und der Katastrophenhilfe sowie an der Behebung des Blackouts beteiligten Firmen kann es sein, dass Sie extern übernachten müssen und Sie ihre Familie erst nach Wiederherstellung der Stromversorgung wieder in die Arme schließen können. Auch das sollte Ihnen als verantwortungsvoller Mensch klar sein.

Der Notfallplan

„Unverhofft kommt oft" ist ein bekanntes deutsches Sprichwort. Und Stromausfälle geschehen immer unverhofft, es sei denn, an Ihrer Straße werden gerade irgendwelche Arbeiten durchgeführt, die eine temporäre Netztrennung erforderlich machen. Aber darüber wird man ja gewöhnlich vom örtlichen Energieversorger rechtzeitig informiert. Im anderen, unverhofften Fall, ist es immer von Vorteil, wenn man nicht gänzlich unvorbereitet in eine eventuelle Krisensituation hineinschlittert. Im Fall eines möglichen Stromausfalls, welche Ursache er auch immer haben mag, ist es gut, wenn alle Familienmitglieder über folgende Punkte Bescheid wissen:

- Wo befindet sich der Sicherungskasten der Wohnung und sind die Sicherungen auch beschriftet?
- Wo befindet sich der Wasseranschluss der Wohnung?
- Wo befindet sich der Gasanschluss der Wohnung?

- Wie funktioniert und wie bedient man die Heizungsanlage der Wohnung?
- Wie ist das Haus an die Kanalisation angebunden? Kann es damit bei einem Stromausfall zu Problemen kommen – und wenn ja, wie kann man sie selbst beheben?

Weiterhin sollte man an einem jeden Familienmitglied in der Wohnung bekannten Ort eine Notausrüstung deponieren, die im Wesentlichen Taschenlampen, eine größere Anzahl von Batterien und Kerzen, Streichhölzer bzw. mehrere Gasfeuerzeuge sowie ein Batterieradio (Weltempfänger, am besten mit Kurbel) enthalten sollte. Das ersetzt natürlich noch keine richtige Vorsorgeausrüstung (siehe Kapitel „Vorbereitung auf einen länger andauernden Stromausfall"), hilft aber schon einmal, wenn der Stromausfall in den bereits dunklen Abend- und Nachtstunden passiert und man sich irgendwie orientieren muss. Auch eine Powerbank und ein Solarpanel, um es bei Bedarf wieder zu laden, können durchaus nützlich sein. Am besten ist es natürlich, wenn am gleichen Ort auch der Erste-Hilfe-Kasten deponiert wird, der um eine Notration an notwendigen Medikamenten zu ergänzen ist.

Wenn sich das Problem nicht gleich am Sicherungskasten lösen lässt, sollten Sie als nächstes – wie im vorangegangenen Kapitel beschrieben – versuchen herauszubekommen, ob der Stromausfall ein eher regionales oder eher überregionales Ereignis ist. Hier kann Ihnen unter anderen (wenn eine gewisse Zeit vergangen ist) ihr Weltempfänger helfen, denn selbst bei einem überregionalen Blackout werden größere Radiosender aufgrund ihrer Ausstattung mit Notstromaggregaten noch eine Weile senden können. In solch einem Fall wird zumindest erst einmal ihr Regionalsender über den Störfall berichten und Sie können dann weiter entscheiden, was nun zu tun ist. Was Sie aber auf jeden Fall machen sollten, dass Sie alle (!) ihre elektrischen Geräte vom Netz nehmen – am besten, indem Sie deren Netzstecker ziehen. Nur eine Deckenlampe sollte eingeschaltet bleiben, damit Sie sofort erkennen, wenn die Stromversorgung wieder funktioniert. Fatal kann es dagegen werden, wenn Sie die eben noch im Betrieb befindlichen Heizflächen Ihres Elektroherdes vergessen auszuschalten und irgendwann der Strom plötzlich wieder da, aber niemand in der Wohnung (Küche) ist... (gilt übrigens auch für Bügeleisen, Heizlüfter, Heizdecken und – bei „Bastlern" Lötkolben)

Weiterhin ist es klug, die Tankstellenbesuche so zu legen, dass der Tank Ihres Autos möglichst nie fast leer, sondern möglichst noch halb voll ist, wenn das Neubetanken ansteht. Denn wenn es einmal zu einem Blackout kommt, dann wird gemäß dem „Gesetz von Murphy" just in diesem Augenblick der Tank fast leer sein. Das können Sie durch Befolgung dieses Ratschlags verhindern – und natürlich sollte Sie immer noch ein, zwei befüllte Benzinkanister in Reserve haben. Neuen Sprit werden Sie im Ernstfall jedenfalls nicht mehr bekommen...

Weitere Dinge, die völlig unabhängig von einer aktuellen Katastrophenlage innerhalb der Familie geklärt sein sollen, wurden bereits besprochen. Hier nur noch ein paar Hinweise und Tipps zur Ergänzung. **Das allerwichtigste ist es dabei einen Plan für die Familienzusammenführung bei**

Ausfall aller technischen Kommunikationskanäle zu haben. Jedem Familienmitglied, vom Schulkind bis zu den Großeltern, muss dann intuitiv klar sein, was zu tun ist. Die schulpflichtigen Kinder sind zu instruieren, auf welchem Weg sie genau zu Fuß von der Schule zur Wohnstätte gelangen. Eventuell ist eine Wartefrist (vielleicht je nach Umständen von 1 bis 2 Stunden) festzulegen, innerhalb dessen ein Familienmitglied, ein Verwandter oder eine befreundete Person die Kinder abholt (gilt insbesondere für die Grundschulklassen). Erst dann, wenn das nicht der Fall ist, sollten sie sich schleunigst per pedes auf dem zuvor vereinbarten Weg nach Hause begeben. Eine Alternative ist es, wenn sie an Stelle des längeren Weges zur elterlichen Wohnung erst einmal bei einem der Schule nähergelegenen Schulfreund unterkommen, von wo man sie dann auch etwas zeitversetzt abholen kann. Man muss natürlich als Eltern wissen, welches die infrage kommenden Schulfreunde sind und deren Adressen parat haben. Denn einfach so mal alle mit dem Telefon oder Handy anrufen wird u. U. nicht mehr funktionieren.

Das, was für den Schulweg ihrer Kinder gilt, gilt sinngemäß auch für den Weg von ihrer Arbeitsstätte nach Hause. Denn mit dem Blackout fallen wesentliche Teile des Nah- und Individualverkehrs aus – und das wird anfänglich nicht an fehlendem Treibstoff, sondern, insbesondere in städtischen Gebieten, ganz allgemein an Verkehrsproblemen wie Staus sowie auf Grund von Unfällen gesperrten Straßen und Straßenkreuzungen (Ampeln sind ausgefallen) liegen. Gehen Sie also nicht von vornherein davon aus, dass Sie zu 100% mit dem Auto wieder zu ihrer Wohnung gelangen.

Sie müssen für solch einen Fall einen Alternativplan haben. Und der muss jedem Familienmitglied bekannt sein, damit man sich u. U. entgegenkommen kann und sich dabei keinesfalls verfehlt.

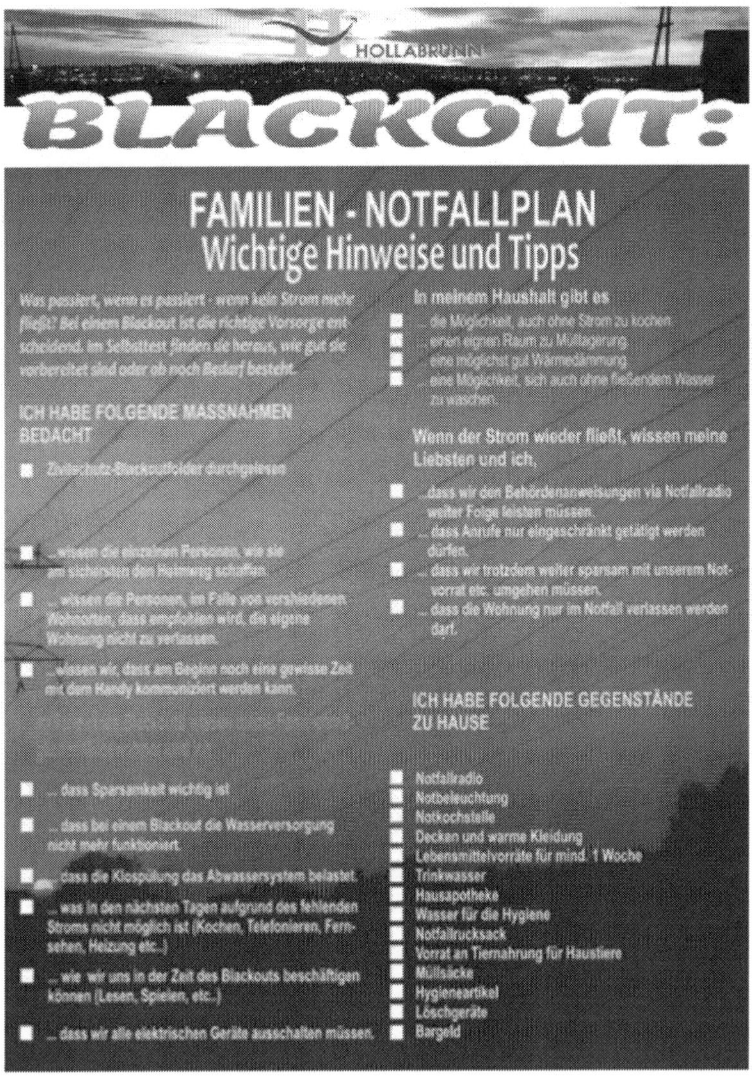

Der Stress, der entsteht, wenn man in einer Krisensituation nicht weiß, wo sich die Kinder (oder andere Familienmitglieder) gerade aufhalten, ist dabei nicht zu unterschätzen und wird ein gerade jetzt notwendiges rationales Handeln lähmen.

Sollte sich ein länger andauernder Stromausfall abzeichnen ist es auch eine Überlegung wert ob es nicht besser ist, Familienmitglieder, die in einem Alten- oder Pflegeheim untergebracht sind, nach Hause zu holen um sie bei sich zu haben. Das ist aber nur sinnvoll, wenn Sie auch entsprechend an Wasser und Lebensmitteln vorgesorgt haben und Sie auch deren medikamentöse Versorgung sicherstellen können. Das Für und Wider einer solchen Entscheidung sollte deshalb ganz generell schon einmal in „normalen Zeiten" innerhalb der Familie besprochen und durchdiskutiert werden. Denn hier in einem Krisenfall einfach *ad hoc* zu handeln, kann sich sehr schnell fatal auswirken...

Weiterhin kann es sinnvoll sein, mit seinen nächsten Nachbarn und Freunden eine Art Krisengemeinschaft zu bilden, in der sich alle untereinander unterstützen. Das gilt insbesondere dann, wenn ein oder mehrere Familienmitglieder unabkömmlich für die Krisenbewältigung sind, weil sie beispielsweise im Gesundheitswesen, im Bereich öffentlicher Sicherheit, in wichtigen Behörden oder im Katastrophenschutz arbeiten.

Wer es nicht schafft sich vorzubereiten, ist vorbereitet, es nicht zu schaffen.

Da hilft kein Herumreden. Ein länger andauernder überregionaler Blackout ist in einer modernen, weitgehend technisierten und arbeitsteilig organisierten Welt ein lebensbedrohendes Szenario. Hier haben nur diejenigen, die sich auf solch ein Ereignis aktiv einstellen, die Chance diese Krisensituation zusammen mit ihrer Familie einigermaßen glimpflich zu überstehen. Auf was es dabei ankommt und wie man sich darauf vorbereitet, erfahren Sie in dem nächsten Kapitel.

Der vernünftige Mensch passt sich an die Welt an; der Unvernünftige besteht auf dem Versuch, die Welt an sich anzupassen.

George Bernard Shaw

Vorbereitung auf einen länger andauernden Stromausfall

Alle Katastrophenschutzbehörden (Beispielsweise das Bundesamt für Bevölkerungsschutz und Katastrophenhilfe) empfehlen jeder Familie Vorsorgemaßnahmen insbesondere bezüglich eines Stromausfalls zu treffen, die das Überstehen einer Notfallsituation für mindestens 10 Tage, besser 14 Tage, ermöglicht.

Vielleicht erinnern Sie sich noch an die Reaktionen, welche die Veröffentlichung eines überarbeiteten Zivilschutzkonzeptes durch den damaligen Innenminister Thomas de Maizière im Jahre 2016 hervorgerufen hat, dem man danach vielfach „Panikmache“ vorwarf. Begründet wurde das damals noch mit möglichen Cyber- und Terrorangriffen auf lebenswichtige (kritische) Infrastruktureinrichtungen. **Interessanterweise wurde dabei der chaotische und unüberlegte Umbau eines ehemals sicher funktionierenden Energieversorgungsnetzes in Deutschland – „Energiewende“ genannt – nicht explizit erwähnt, obwohl einige Experten schon damals die Meinung vertraten, dass die damit verbundenen, aber nach außen kaum kommunizierten Risiken wohl ein primärer Grund waren, die Bevölkerung zu Vorsorgemaßnahmen zu animieren.** Denn bei einem länger andauernden überregionalen Stromausfall besteht die Gefahr, dass Lebensmittel nur noch schwer zu bekommen sind. Wer hier nicht vorgesorgt hat, wird schnell Probleme bekommen (und die allermeisten Menschen in unseren Großstädten, aber auch auf dem Land, sorgen nicht vor).

Im Jahr 2021 wird (wurde) zumindest im Ausland die Blackoutgefahr, insbesondere durch den deutschen Atom- und Kohleausstieg befördert, durchaus zu einem Thema. Das kann man beispielhaft bei unserem Nachbarn Österreich beobachten, wo eine umfangreiche Aufklärungskampagne zu diesem Thema angelaufen ist und auch alle diesbezüglichen Katastrophenszenarien bis hin zum Thema „Kaltstart des landesweiten Netzes“ von den zuständigen Behörden analysiert, getestet und auf Schwachstellen überprüft werden. Und selbst im Energiewende-Vorzeigeland Deutschland wird das Thema „Energiesicherheit“ und „Energieautonomie“ langsam von der Mainstream-Presse aufgegriffen und zunehmend kritisch begleitet. So konnte man mit erstaunten Augen am 13.10.2021 im „Focus“ unter der Überschrift „Zwei Mal stand Deutschland vor Total-Blackout – warum unser Stromnetz Schluckauf hat“ folgendes Statement:

„Die Zukunft der Energieversorgung ist eine Kernfrage in den Koalitionsverhandlungen. Zeitgleich erhöht sich die Gefahr eines totalen Stromausfalls in Europa durch die Energiewende in Deutschland. Das Bundesamt für Bevölkerungsschutz schätzt es als die wahrscheinlichste Katastrophe ein. Zweimal in diesem Jahr war es schon fast so weit.“

…

„Fiele er (der Strom) *ein paar Tage über mehrere Länder hinweg aus, kämen die Menschen schnell an ihre Grenzen, weil „zum Beispiel die Trinkwasserversorgung zusammenbrechen und die Versorgung auch mit Dieselkraftstoff für die Notstromaggregate problematisch werden würde", sagt Wolfram Geier, Abteilungspräsident beim Bundesamt für Bevölkerungsschutz und Katastrophenhilfe in einem Interview mit dem Deutschlandfunk. Ohne Strom gibt es kein Licht, keine Toiletten, keine Heizung, kein Telefon, keine Züge und Straßenbahnen, keine Supermarktkasse, keine Aufzüge.* ***„Ab drei Tage aufwärts würden wir heute einschätzen, dass das zu katastrophalen Zuständen führen würde."*** *..."*

Und ganz unabhängig davon wird es vielen Bürgern bei anziehender Inflation, weiter kontinuierlich ansteigenden und jetzt schon exorbitanten hohen Energiekosten (Strom, Wärme, Sprit) und der nicht ganz unbegründeten Aussicht auf einen kalten Winter langsam mulmig zumute...

Ein Grund, einmal über eigene aktive Vorsorgemaßnahmen nachzudenken...

Essen und Trinken bevorraten

Hier gilt erst einmal **„Trinken kommt vor Essen"**. Ein Mensch kann nur maximal 4 Tage ohne Trinken auskommen, aber bis zu drei Wochen ohne Nahrung. Als Faustregel sollte man pro Tag und Person 1,5 Liter Flüssigkeit in Form von Mineralwasser, Limonaden und Fruchtsäften bevorraten (übrigens, auch Bier – da sehr nahrhaft – ist als

Ergänzung geeignet). Da Wasser aber nicht nur zum Trinken benötigt wird, ist es besser, von vornherein mit ca. 14 Liter Wasser pro Woche und Person zu rechnen. Das entspricht etwa 1,5 Sechserpack Mineralwasser mit Flaschen zu je 1,5 Liter. Für eine vierköpfige Familie sind das demnach 12 Sechserpack für zwei Wochen. Bei dieser Menge stellt sich übrigens bereits die Frage, wo man sie in der Wohnung am besten lagert. Zur Vorratshaltung von Brauchwasser eignen sich natürlich entsprechende Plastekanister, die mit einem Fassungsvermögen zwischen 10 und 30 Liter im Fachhandel erhältlich sind. Hier sind solche mit Ablasshahn wegen der später leichteren Portionierung zu bevorzugen. Solange mit dem Stromausfall die Wasserversorgung noch nicht zusammengebrochen ist, kann man sie meist noch befüllen, so dass man sie nicht unbedingt gefüllt aufbewahren muss. Bei Platzmangel lassen sich auch ein paar faltbare Wasserkanister vorrätig halten, die meist 5 oder 10 Liter Trinkwasser fassen. Und ganz zur Not helfen auch Eimer aller Art und, wenn man ein glücklicher Besitzer einer Badewanne ist, natürlich auch diese.

Tipp: Beginnen Sie sobald wie möglich, genaugenommen sofort, wenn Sie sich vergewissert haben, dass sich ein überregionaler Stromausfall ereignet hat, mit der Befüllung aller geeigneter Gefäße mit Leitungswasser. Mit hoher Wahrscheinlichkeit (aber nicht immer) wird die Wasserversorgung noch eine gewisse Zeit funktionieren und diese Zeit müssen Sie nutzen. Bei einem etwas länger andauernden regionalen Stromausfall werden entsprechend der lokalen Notfallpläne wahrscheinlich die Behörden im betroffenen Gebiet relativ schnell eine mobile Trinkwasserversorgung mittels Tankwagen organisieren. Bei einem Blackout darf man sich aber darauf nicht verlassen.

Lebt man in einem Eigenheim, dann sollte man die Anschaffung eines 1000 Liter Plaste-Wassertanks in Erwägung ziehen. Hier kann übrigens auch ein befüllter Swimming-Pool im Fall der Fälle zumindest eine ergiebige Brauchwasserquelle sein.

In einem Krisenfall ist ein Vorrat an Trinkwasser ein „muss"

Was aber ist zu tun, wenn kein unbedenklich „trinkbares" Wasser mehr zur Verfügung steht? Hier muss man dann wohl oder übel andere „Brauchwasserquellen" anzapfen, wie in Tonnen gesammeltes Regenwasser, Flusswasser oder Wasser aus Bächen. Auf dem Land ist es ein Einfaches, noch saubere Quellen und Bäche aufzufinden. In Städten ist zumindest Flusswasser noch relativ leicht zu beschaffen, sollte die externe Wasserversorgung vollständig ausgefallen sein**. Hier ist es aber wichtig, dass man dieses „Brauchwasser“ selbst so aufbereiten kann, dass es sich unbeschadet trinken lässt.** Auch wenn es vermeintlich „sauber“ ausschaut, bedeutet das lange noch nicht, dass es auch trinkbar ist. An technischen Hilfsmitteln zur Wasseraufbereitung haben sich hier insbesondere für Familien mit hohem Wasserbedarf Umkehrosmose-Wasserfilter sowie Dreistufen-Wasserfilter bewährt, wie sie im Fachhandel in großer Auswahl angeboten werden. Auch gibt es neben „normalen“ Wasserfilter auch noch spezielle Wasserentkeimungstabletten, mit deren Hilfe man Brauchwasser trinkfähig machen kann. Aber auch hier wird man in den seltensten Fällen selbst vorgesorgt haben. **Und Krankheiten, verursacht durch verseuchtes oder verschmutztes Wasser, müssen unbedingt vermieden werden**, da man bei einem Blackout nur ganz eingeschränkt oder überhaupt nicht auf ärztliche Hilfe rechnen kann und auch eine medikamentöse Selbstbehandlung wird mangels bevorrateter Medikamente häufig ausfallen müssen...

Tipp: Informieren Sie sich, wo es in ihrer Wohngegend Notbrunnen gibt. Bedenken Sie dabei, dass Sie selbst Behälter vorrätig halten müssen, wenn Sie diese nutzen wollen. Unter Umständen wird auch das THW Trinkwasseraufbereitungsanlagen vorhalten. Bei einer überregionalen Krisensituation wird das aber kaum flächendeckend möglich sein.

Bei der **Vorratshaltung von Lebensmitteln** sind erst einmal ein paar grundlegende Dinge zu beachten. Die Lebensmittel sollten möglichst ohne Kühlung lagerfähig sein, es sei denn, es handelt sich um Tiefkühlkost, die man dann aber möglichst zeitnah nach dem Netzzusammenbruch verbrauchen sollte. Das macht natürlich nur Sinn, wenn es noch Kochmöglichkeiten gibt (Campingkocher). Ansonsten sollte man bei der Einlagerung auf jeden Fall darauf achten, insbesondere solche Produkte einzukaufen, die auch kalt genossen werden können (z. B. Wurstdosen und Dosenfleisch, Marmelade, Müsli-Riegel).

Zur platzsparenden Aufbewahrung von Nahrungsmitteln in der Wohnung eignen sich sogenannte schmale Apotheker-Hochschränke. Darin können Lebensmittel bequem nach ihrem Haltbarkeitsdatum sortiert eingelagert werden (neu gekaufte Vorräte gehören dabei immer hinten ins Regal. Dabei ist es von Vorteil, wenn auf ihren Verpackungen gut lesbar mit einem Filzstift das ungefähre Verfallsdatum notiert ist). Aber auch normale Stehregale sind natürlich für diesen Zweck geeignet. Wer einen Keller zur Verfügung hat, kann ihn natürlich auch zur Lageerhaltung nutzen. Dort ist es außerdem kühl und dunkel, was sich positiv auf die Haltbarkeitsdauer der Lebensmittel auswirkt. Im Winter kann es bei Minustemperaturen wiederum sinnvoll sein, geeignete Produkte aus dem auftauenden Kühlschrank auf den Balkon oder – entsprechend gesichert – auf das äußere Fensterbrett auszulagern um zu verhindern, dass sie verderben. Ansonsten sollte man sie natürlich gleich als Erstes verbrauchen.

In wirklich jeder Wohnung sollte sich ein Plätzchen für einen Lebensmittelvorrat für ca. 10 Tage finden lassen...

Noch ein Hinweis zum Thema Keller. Leben Sie in einem größeren Wohnblock, dann kann es von Vorteil sein, die im Keller gelagerten Lebensmittel in die Wohnung umzulagern, da sie im Keller u. U. dem Diebstahl ausgesetzt sind.

Hier Beispiele für Produkte, die sich für eine Vorratshaltung eignen:

- Nudeln (z. B. asiatische Instantnudeln, die man nur mit heißem Wasser übergießen muss), Reis, Kartoffeln (müssen gekocht werden), in Folien eingeschweißte vorgegarte Kartoffeln bzw. Bratkartoffeln
- Mehl, Gries, Haferflocken (Müsli), Kartoffelpüree, Erbswürste, Maisstärke, Zucker, eventuell Backmischungen
- Dosenbrot (z. B. Pumpernickel), Dosenkuchen, Outdoor-Kekse, Zwieback, temporär: aufbackbare Brötchen

- Energiereiche Müsli-Riegel (sehr empfehlenswert)
- Tomatenketchup, Nudelsoßen in Gläsern, Senf, Soßenpulver, Instant-Brühe
- Gefriergetrocknete Fertiggerichte
- Fertiggerichte in zugeschweißten Plasteschalen (Haltbarkeitsdauer beachten; müssen auch ohne Mikrowelle erhitzbar sein)
- Vorgegartes Gemüse in Büchsen oder Gläser
- Lagerobst, Dörrobst, eingemachtes Obst
- Getrocknete Hülsenfrüchte (Bohnen, Erbsen), allgemein Gemüse – aber nicht im gefrorenen Zustand!
- Honig, Ahornsirup, Rübensirup
- Milch und Milchprodukte – insbesondere auch Milchpulver
- Kaffeepulver (Instantkaffee), Tee, (verschiedene Sorten in Teebeuteln, insbesondere auch Heilteesorten zur Selbstmedikation), Teegranulat
- Raps- und Sonnenblumenöl, Margarine, Dosenbutter
- Salz, Essig, Gewürze
- Fertigsuppen und Fertiggerichte in Dosen (Spaghetti, Ravioli, Erbsen, Gulasch ...)
- Dauerwurst (ganze Salami), Räucherschinken, Frühstücksfleisch und Wurst in Dosen
- Lagerfähiger Käse
- Fischkonserven

- Brühwürste in Gläsern oder Dosen
- Eier (ungekühlt ca. 20 Tage haltbar), Eipulver
- Schokolade (ein wichtiger Energieträger), Multivitamin-Tabletten, Traubenzucker-Tabletten, Brausetabletten
- Wenn notwendig, reichlich Babynahrung (!)
- Eventuell alkoholische Getränke in kleinen Flaschen und Zigaretten als Tauschmittel
- Klarer Schnaps, Prima Sprit etc. als Not-Desinfektionsmittel und zum Entfetten

Die Menge ergibt sich aus der Anzahl der Personen, die damit über etwas mehr als eine Woche (in der Hoffnung, dass bis dahin der Strom wieder da ist und sich die Versorgungslage entspannt) verpflegt werden sollen. Besser ist natürlich immer mehr. Im Zweifelsfall sollte man sich aber primär für Lebensmittel entscheiden, die entweder nicht oder nur mit energetisch geringem Aufwand zubereitet werden können. Und wenn man Zugriff auf das Internet hat, kann man für die Einkaufplanung beispielsweise den Vorratskalkulator unter der Webadresse

www.ernaehrungsvorsorge.de/private-vorsorge/notvorrat/vorratskalkulator

verwenden.

Man kann aber im (seriösen) Fachhandel auch gleich kompakte Notrationen, d. h. Notvorratspakete, erwerben, die nach Personenzahl - und Tage zusammengestellt sind und eine sehr lange Haltbarkeitsdauer aufweisen. Man braucht für sie lediglich einen geeigneten Stellplatz und die Hoffnung, sie nie öffnen zu müssen...

Denken Sie auch an ihre Haustiere, sollten sie welche besitzen. Auch sie wollen fressen und trinken. Also planen Sie eine geeignete Menge an Futterrationen immer mit ein. Bei Hunden und Katzen reichen zur Not schon ein paar Packungen oder Säcke geeigneten Trockenfutters.

Noch ein kleiner Hinweis. Moderne Haushalte sind hochtechnisiert. Aber ein strombetriebener Dosenöffner ist unbrauchbar, wenn man keinen Strom hat. Entweder man bevorratet nur Dosen, die sich problemlos per Hand öffnen lassen oder – was immer besser ist – sie schaffen sich einen herkömmlichen Dosenöffner an (ja, im Notfall können selbst kleine Sachen zum Problem werden).

Wenn Sie ihre persönliche familiäre Notvorsorge an Lebensmittel planen, dann sollten Sie nicht nach Schema F („Checkliste“), sondern eher mit gesundem Menschenverstand herangehen. Eine Familie mit Säugling oder kleinen Kindern hat andere Bedürfnisse als beispielsweise ein Rentner- oder Singlehaushalt. Auch gibt es bereits Unterschiede, ob man in einer kleinen Mietwohnung in der Stadt oder einem Eigenheim auf dem Land lebt. Also überlegen Sie sich vor dem Einkauf genau, welche Produkte für ihre Verhältnisse am besten geeignet sind. Deren Mindesthaltbarkeitsdauer sollte dabei 18 Monate überschreiten. Auch ist es nicht unvernünftig, ab und an die bevorrateten Lebensmittel im Alltag zu verbrauchen, sobald sich deren Haltbarkeitsdauer dem Ende nähert. Und man darf dann natürlich das Nachkaufen nicht vergessen. **Weiterhin sollte**

man beachten, dass kranke und schwache Menschen spezielle Bedürfnisse haben und sich das natürlich auch in der Lebensmittelbevorratung niederschlagen muss (Stichwort „Diätprodukte“).

Tipp: Zur Lagerung von Trockenprodukten (z. B. Mehl, Zucker, Nudeln etc. pp.) ist es sinnvoll, dafür ein absolut wasserdichtes Weithalsfass anzuschaffen. Denn gerade in einem feuchten Keller können derartige Produkte Wasser ziehen und schnell und unbemerkt verderben.

Um zumindest ein Gefühl für die zu lagernden Mengen zu bekommen, ist in der folgenden Tabelle der Notvorrat für eine erwachsene Person für einen Zeitraum von zwei Wochen aufgelistet. Es handelt sich hierbei jedoch nur um einen groben Überblick, der den Flüssigkeitsbedarf und den Nahrungsbedarf von täglich ca. 2200 kcal sicherstellt. Ihre konkrete Liste sollte sich immer an den individuellen Ernährungsbedürfnissen orientieren. Und natürlich sollte auch der eigene Geschmack in die Auswahl der Lebensmittel mit einfließen.

- Mineralwasser 28 l
- Sonstige Getränke (Limo, Fruchtsäfte) 14 l
- Nudeln 2,2 kg
- Reis 2,2 kg
- Mehl 2 kg
- Dosenbrot 2 kg
- Öl 1 l

• Margarine	200 g
• Fertiggerichte (z. B. in Dosen)	2 kg
• Milchpulver	1 kg
• Salz und Zucker	
• Schokolade	300 g
• Dauerwurst, Dosenwurst	1 kg

Hausapotheke einrichten

Neben der ausreichenden Verfügbarkeit von Lebensmitteln ist auch ein kleiner Vorrat an Verbandsmaterial und Medikamenten unabdingbar. Als Kraftfahrzeughalter steht erst einmal – da Pflichtausstattung – der genormte KFZ-Verbandskasten für Notfälle zur Verfügung. Aber das reicht natürlich nicht aus.

Unabhängig davon sollte man sich immer eine kleine Hausapotheke anlegen, die nicht nur in Krisenzeiten nützlich ist.

Die Bundesvereinigung Deutscher Apothekerverbände e. V. empfiehlt z. B. folgende Inhalte:

- Schmerz- und Fiebermittel
- Medikamente gegen Erkältung, Halsschmerzen, Husten und Schnupfen
- Medikamente gegen Allergien (wenn benötigt)
- Medikamente gegen Insektenstiche, Sonnenbrand oder Juckreiz
- Medikamente gegen Erkrankungen der Mundschleimhaut
- Medikamente gegen Verdauungsbeschwerden wie Sodbrennen oder Blähungen
- Medikamente gegen Verstopfung
- Medikamente gegen Durchfall
- Desinfektionsmittel
- Wund- und Heilsalbe
- Augentropfen gegen trockene Augen (wenn benötigt)
- Medikamente gegen Lippenherpes (wenn benötigt)
- Fieberthermometer / Blutdruckmessgerät
- Individuelle Medikamente

Dazu kommt noch Verbandsmaterial wie Verbandspäckchen, elastische Binden, Heftpflaster, Wundschnellverbände (auch Pflastersprays), Dreieckstücher, Einmalhandschuhe sowie Scheren, Pinzetten und Sicherheitsnadeln. Auch ein mit entsprechenden Bildern ausgestatteter Erste-Hilfe-Führer kann im Fall der Fälle von großem Nutzen sein.

Gehören Kinder zum Haushalt, dann werden je nach deren Alter weitere Medikamente benötigt wie Fieber-Zäpfchen und Elektrolyt-Lösungen. Hier sollte man sich aber – genauso wie beim Einkauf gemäß der obigen Liste – von einem Apotheker oder seinem Hausarzt beraten lassen.

Im Normalfall gehört natürlich noch eine Liste mit Notfalladressen inkl. Telefonnummern zur Grundausstattung einer jeden Hausapotheke. Ob insbesondere die Telefonnummern bei einem Netzausfall noch etwas nutzen, ist jedoch eine ganz andere Frage. Gerade wenn man als kranker Mensch auf die regelmäßige Beschaffung von Medikamenten angewiesen ist (beispielsweise als Diabetes-Patient auf Insulin), kann auch eine gut ausgestattete Hausapotheke schnell an ihre Grenzen kommen. Denn im Fall eines länger andauernden Blackouts ist es fraglich, ob Apotheken (die auf Lieferdienste angewiesen sind) und staatliche Organisationen überhaupt einen individuellen Medikamentennachschub organisieren können. Also alles andere als rosige Aussichten...

Mehr als 400.000 Menschen in Deutschland, die an Diabetes leiden, müssen sich täglich Insulin spritzen. Für sie ist dieses Medikament lebenswichtig und unersetzbar. Leider lässt es sich bekanntlich nur im gekühlten Zustand über eine längere Zeit lagern. Über kürzere Zeiträume, d. h. ein, zwei Wochen und nicht gerade im Hochsommer, sollte es jedoch ohne Wirkungsverlust verwendbar bleiben, wie entsprechende Untersuchungen gezeigt haben. Besser ist es aber, man schafft für diesen Zweck eine netzunabhängige Kühlmöglichkeit. Das kann mit Hilfe einer mit einer von einer Powerbank gespeisten Kühlbox geschehen, von denen eine Vielzahl verschiedener Ausführungen im Handel erhältlich ist. Die Powerbank selbst kann man beispielsweise über ein dafür geeignetes Solarpanel immer wieder aufladen.

Und auf noch einen überlegenswerten Aspekt sei hingewiesen, wenn Sie alte und gebrechliche Familienmitglieder in einem Alters- oder Pflegeheim untergebracht haben. Hier kann es besser sein, man setzt nicht darauf, dass sie dort in einem akuten Katastrophenfall eine weiterhin angemessene Betreuung erfahren. Zeichnet sich bereits am Anfang ab, dass der Stromausfall mehrere Tage anhalten wird, dann ist es u. U. klüger, man holt sie sofort, d. h. solange noch Sprit im Tank ist und die Straßen noch nicht zu, in die eigene Wohnung, um sie hier selbst zu betreuen und zu versorgen. Andernfalls kann es schnell zu einem die Lage nicht gerade beruhigenden emotionalen Stress kommen, wenn man aufgrund einer nicht mehr vorhandenen Kommunikationsmöglichkeit über die Befindlichkeiten seiner Lieben nicht informiert ist. Aber wie schon einmal an anderer Stelle erwähnt – solch eine Entscheidung muss bereits im Vorfeld einer Katastrophenlage genau abgesprochen und eingeplant sein, um hier nicht in eine nicht mehr beherrschbare Situation (Stichworte sind Lebensmittel – und Medikamentenversorgung, Betreuung etc.) zu geraten.

Wenn in ihrer unmittelbaren Nachbarschaft alte Leute leben, die gewöhnlich von einem ambulanten Pflegedienst versorgt werden, so wird das bei einem Blackout nicht mehr der Fall sein. Dann ist es ein Akt der Nächstenliebe, dass man sich als Nachbar auch um diese im Rahmen seiner Möglichkeiten kümmert. Das gilt natürlich auch, wenn die mobile Essensversorgung von Senioren ausgefallen und die Hilfe leistbar ist.

Sollte der Blackout an einem der kalten „Dunkelflaute“-Tage im Winter auftreten, dann wird es in der Wohnung schnell kalt. Also ziehen Sie sich sofort warm an, denn alles andere, was man in solch einer Situation gebrauchen kann, ist eine Erkältung. Auf medizinische Hilfe mit vielerlei Abstrichen kann man dann eh nur noch in Krankenhäusern erwarten. Diese sollten Sie aber nur in wirklich akuten Notfällen aufsuchen, denn das Personal dort wird eh schon an ihren Belastungsgrenzen arbeiten müssen.

Hygiene

Es ist kein Beinbruch, wenn man sich einige Zeit nicht duschen kann. Und selbst, wenn man sich einige Tage nicht die Zähne putzt, um beispielsweise Trinkwasser zu sparen, wird das einen noch nicht gleich umbringen. Abhilfe kann man eventuell damit schaffen, in dem man in seine Vorratshaltung einige Packungen feuchter Erfrischungstücher mit einplant. **Was aber schnell zu einem echten Problem anwachsen kann, ist das Versiegen der Toilettenspülung.** Auf dem „Land“ oder in den Vorstadtgebieten mit ihren ausgedehnten Gartenanlagen kann man - wenn es hart auf hart kommt - sein Geschäft, wie bei den Naturvölkern üblich, verrichten. Leben Sie dagegen in einer typischen Großstadtwohnung, dann sollten Sie auf diese Problematik auf jeden Fall vorbereitet sein. **Eine verstopfte oder sogar überlaufende Toilette kann das Leben in abgeschlossenen Räumen schnell unerträglich machen.**

Beispiel für eine Campingtoilette, die nicht viel kostet und die sich auch leicht lagern lässt

Wenn man keine spezielle Campingtoilette vorrätig hält, hat man ein Problem. Was kann man also tun? Nun, hier helfen zerreißfeste und wasserdichte Müllsäcke am besten, die man fest zugeschnürt (Kabelbinder) wiederum einige Zeit in einem großen Müllsack lagern kann, bis sich die Lage wieder weitestgehend normalisiert hat. Ihre Größe sollte so bemessen sein, dass sie sich bequem über die Klobrille (oder einem Eimer) ziehen lassen. Aber auch hier müssen Sie selbstverständlich mit einer entsprechenden Menge vorsorgen, denn wenn bei einem Blackout der benachbarte Drogerie- oder Baumarkt leer gekauft ist oder geschlossen hat, ist es zu spät... Und natürlich – ganz wichtig – einen genügenden Vorrat an Toilettenpapier vorhalten (muss ja nicht unbedingt die Luxusmarke sein). Während des letzten großen Krieges haben sich die Menschen noch mit Zeitungspapier beholfen. Aber bei einem Blackout kommt auch keine Zeitung mehr ins Haus.

Auch ein paar Packungen Gips können übrigens helfen, übelriechende unhygienische Flüssigkeiten bei Bedarf zu binden.

Im gleichen Zusammenhang ist das Problem „Baby“ und „Pampers“ zu sehen. Auch hier kann es schnell zu einer Problemlage kommen, auf die eine junge Familie heutzutage gewöhnlich nicht mehr vorbereitet ist. Wahrscheinlich muss man hier wieder auf die „klassische“ Windel ausweichen sowie irgendwie Brauchwasser besorgen, um sie wiederverwendbar zu halten. Auch eine billige, handbetriebene Campingwaschmaschine ist in diesem Zusammenhang eine durchaus überlegenswerte Anschaffung.

Unter Umständen kann bei einem länger anhaltenden Netzzusammenbruch gerade die Wasserversorgung in Großstadtlagen zu einem riesigen Problem anwachsen, wo es dann Gebot der Stunde ist, seinen Wasservorrat nur sehr sparsam zu verbrauchen. Hier lässt sich die Problematik „Abwasch“, die sonst die Spülmaschine klaglos übernimmt, dadurch entschärfen, in dem man eine entsprechende Menge Einweggeschirr und Einwegbesteck vorrätig hält. Und auch eine große Packung Einweghandschuhe (Stichwort „verstopftes Klo“) sollte in einem Notvorratslager immer verfügbar sein.

Zubereitung von Lebensmitteln

Was nützt einem Reis in Kochbeuteln, rohe Kartoffeln oder Packungen von Spaghetti und anderer Nudelsorten, wenn man sie im Bedarfsfall nicht „kochen“ kann, weil der moderne Elektroherd bei Stromausfall und der Gasherd ohne Gas kalt bleiben? Wer hier nicht vorgesorgt hat, steht dann mit seinen gebunkerten Vorräten echt auf dem Schlauch. **Was unbedingt benötigt wird, ist eine geeignete, vom Stromnetz unabhängige Wärmequelle.**

Dafür kommen infrage:

- Gasbetriebene Campingkocher mit entsprechender Anzahl Gaskartuschen
- Spirituskocher
- Fondue
- Normale Grills oder besser gasbetriebene Kugelgrills (nur im freien oder auf dem Balkon verwenden) + Vorrat an Grillkohle
- Spiritustabletten, Brennpaste, Kohleanzünder
- Teelichter (möglichst in großer Menge) bzw. Haushaltskerzen
- Brennholz (Kaminholz)

Dazu noch Streichhölzer und Gasfeuerzeuge (eventuell auch ein gerade bei Hardcore-Camping-Fans beliebtes „Feuereisen“) – denn kaum jemand wird heute noch eine Flamme mit einem „Feuerbohrer“ oder einem Feuerstein zustande bringen…

Anmerkung: Im Zweifel sollten Sie eine mobile Kochmöglichkeit immer vorrätig halten – und zwar für den Fall, dass die eingetretene Notlage sie zwingt, ihren Wohnort zu verlassen.

Wenn man ein großes Grundstück sein Eigen nennt oder auf dem Land wohnt, kann man mit entsprechendem Equipment selbstverständlich auch über einem Lagerfeuer kochen. **Ein offenes Feuer in der Wohnung oder auf dem Balkon sollte man dagegen tunlichst vermeiden, da es zu Bränden kommen kann.** Und die Feuerwehr wird mit an Sicherheit grenzender Wahrscheinlichkeit nicht helfen können (es scheitert bereits beim Versuch, die nächste Feuerwache anzurufen). Auf jeden Fall sollte man in der Wohnung einen Feuerlöscher vorhalten, mit dem sich Entstehungsbrände meist sehr gut und sehr schnell löschen lassen.

Tipp: Selbstgebauter Dosenkocher. Es ist übrigens kinderleicht, einen einfachen, aber sehr effektiven „Kocher“ selbst zu bauen (am besten mehrere davon auf Vorrat). Man benötigt dazu nur eine leere Blechbüchse (am besten die von Schmalzfleisch mit ca. 3 cm Höhe), etwas Wellpappe und einige Kerzen, deren „Wachs“ das eigentliche Brennmaterial bildet.

Dosenkocher im Einsatz

Zuerst schneidet man die Wellpappe in Streifen, deren Breite der Höhe der Blechbüchse entspricht. Diese Streifen werden zusammengerollt und damit von außen nach innen die runde Blechbüchse ausgefüllt. Ganz in die Mitte kann man noch etwas Stoff hineinstopfen, welches später das Entzünden vereinfacht, da es wie ein Docht wirkt. Nun schmelzen Sie die Kerzen in einem geeigneten Gefäß und gießen anschließend das flüssige Kerzenwachs in die mit Pappe vollgestopfte Büchse und warten, bis es ausgekühlt und erstarrt ist. Und das war es schon.

Um zu Kochen, benötigt man nun nur noch drei oder vier Ziegelsteine, die man so aufbaut, das man in der Mitte den Dosenkocher und darüber, mit etwas Abstand, einen Topf oder eine Pfanne platzieren kann. Jetzt braucht nur noch der Dosenkocher entzündet zu werden. Mit der dabei entstehenden Flamme kann man mehrere Stunden lang Kochen und Braten. Die Effizienz dieser „primitiven" Lösung ist übrigens erstaunlich hoch, wie man leicht durch einen eigenen Versuch feststellen wird. Das man solche eine Kochlösung am besten „Outdoor" betreibt, dürfte verständlich sein.

Tipp: Auf Youtube findet man eine große Zahl von Bauanleitungen für einfache Notkocher, die auch für Camping-Enthusiasten interessant sein könnten.

Wenn Sie weiterhin ein Notstromaggregat mit entsprechender Leistungsabgabe besitzen und damit auch umgehen können, ergibt sich die Möglichkeit, elektrisch betriebene Kochplatten zur Zubereitung von warmen Mahlzeiten zu nutzen. Auch autarke Insel-Solaranlagen mit Speicher können Energie für elektrische Kochgeräte bei Bedarf zur Verfügung stellen.

Anmerkung: Wenn Sie in einer temporären Krisensituation nicht die Möglichkeit haben (oder der Aufwand dafür zu groß ist) zum Kochen, zum Braten oder zum Backen, weil das dafür notwendige Equipment fehlt, dann versuchen Sie, eine Zeitlang mit „Kalter Küche" auszukommen. Voraussetzung ist natürlich, dass die dafür gebunkerten Lebensmittel auch geeignet und ausreichend vorhanden sind. Oftmals reicht aber auch schon ein einfaches „Aufwärmen" aus, um beispielsweise „Büchsennahrung" bekömmlicher zu machen (ein „lauwarmes" Ravioli ist immer besser als eine „kalte" Ravioli).

Aus der Liste der zur Speisenzubereitung geeigneten Wärmequellen sind zwei „muss" hervorzuheben: einen Campingkocher und einen Sack Teelichter. Beides darf einfach in einer Notbevorratung nicht fehlen. Dabei sind Teelichter (oder ganz allgemein, Kerzen) für vielerlei Zwecke nutzbar – und zwar nicht nur als anheimelnde Ersatzlichtquelle. Mit Hilfe von Teelichtern kann man Wasser und Dosensuppen (letztere in der Dose selbst) erwärmen, sich eine Heizplatte basteln (auf der sich beispielsweise Spiegeleier braten lassen) und selbst mit Geschick einen kleinen Backofen basteln, in dem man mittels handelsüblicher Backmischungen eigenes Brot und Brötchen backen kann. Entsprechende Anleitungen findet man leicht im Internet. Und auch – oder gerade – mit ihrer Hilfe lässt sich weiterhin eine kleine Heizung zusammen bauen, die im Winter die Temperatur eines nicht zu großen Raumes auf ein erträgliches Maß steigern lässt, womit wir auch gleich neben „Was zu Trinken" und „Was zum Essen" zum dritten überlebenswichtigen „W" – der Wärmeversorgung, kommen.

Wärmeversorgung

Das Problem der Wärmeversorgung wird in erster Linie wieder Stadtbewohner treffen, die in der kalten Jahreszeit in punkto Wärme auf Gasheizungen bzw. Fernwärmeversorgung angewiesen sind, nachdem der klassischen kohlebetriebene Kachel- und Nachtspeicherofen quasi ausgestorben bzw. im Aussterben begriffen ist. In Eigenheimen und auf dem Land stehen dagegen entweder Kamine zur Verfügung oder man wird immer irgendwie improvisieren können (bis zum Lagerfeuer vor dem Haus).

Auch ist hier die Nachbarschaftshilfe gewöhnlich besser ausgeprägt als in den anonymen Wohnsilos mancher Großstadtlagen.

Während sich in der warmen Jahreszeit die Frage der Wärmeversorgung kaum stellt, kann sie im Winter über Leben und Tod entscheiden. Da beispielsweise eine „Dunkelflaute", d. h. eine Zeitspanne, in der die regenerativen Energiequellen wegen fehlender Solarenergieeinspeisung am Tag und fehlendem Wind ganz allgemein keinen Beitrag zur Energieversorgung liefern (alles Merkmale eines sogenannten „Russlandhochs"), nur im Winter zu erwarten ist, wird auch ein dadurch bedingter Blackout genau in dieser Jahreszeit liegen. **Die erste Regel hier ist die Vorhaltung wärmender Kleidung, die man natürlich auch sofort anlegen sollte, sobald die Raumtemperaturen zu fallen beginnen. Denn nichts ist in solch einer Situation gefährlicher, als sich eine Erkältung einzufangen.** Unter Umständen sollte man diese Kleidung auch nachts anbehalten, wenn einem im Bett nur leichte Steppdecken zur Verfügung stehen. Eine überlegenswerte Alternative dazu ist die Anschaffung von Daunenschlafsäcken, wie sie gerne von Bergsteigern und Outdoor-Touristen verwendet werden. Damit sollte sich dann wirklich jede kalte Nacht problemlos überstehen lassen.

Tipp: Man kann auch ein kleines Zelt in der Wohnung vorhalten, welches man in einem Zimmer aufbaut. Es heizt sich bereits über die Körperwärme auf, kann aber auch mit der nötigen Vorsicht mittels einer Teelichterheizung (s. u.)

erwärmt werden, was aufgrund des geringen Volumens meist sehr gut gelingt.

Und wenn Sie Wasser erhitzen können, kann auch eine Wärmflasche sehr nützlich sein (besonders für Kinder).

Natürlich gibt es auch Möglichkeiten einer Alternativheizung. Nur leider funktionieren die meisten nur mit elektrischem Strom. Es kommen also nur Geräte in Frage, die mit alternativem Heizmaterial wie Gas oder Petroleum bzw. Brennspiritus arbeiten. Der Fachhandel bietet in dieser Beziehung eine durchaus große Produktpalette an. Der Betrieb einer solchen Alternativheizung setzt natürlich das Vorhandensein einer genügenden Menge Brennstoffel voraus, das natürlich entsprechend bevorratet sein muss.

Erfahrungsgemäß werden die meisten Haushalte in dieser Hinsicht nicht vorgesorgt haben. **Aber unter Umständen lässt sich ein erstaunlich effektiver „Heizkörper" leicht selbst basteln, welcher auf Teelichtern als primäre Wärmequelle beruht** (dass man eine derartige Heizung natürlich auch käuflich erwerben kann, dürfte in einer Zeit, wo es quasi „alles" zu kaufen gibt, nicht verwunderlich sein). Das Material dazu kostet keine 10€: zwei Blumentöpfe aus gebranntem Ton mit Löchern im Boden (Ø= 20 cm und Ø= 16 cm), ein Tonuntersetzer (Ø= 20cm), eine M 10 - Gewindestange (auf ca. 30 cm Länge kürzen) sowie dazu passende Muttern (M10) sowie große Unterlegscheiben. Sie müssen jetzt nur noch mit einem 10 mm Steinbohrer in die Mitte des Tonuntersetzers ein Loch bohren (um Absplitterungen und Brüche zu vermeiden sollten man unbedingt den Bohrbereich mit Klebeband abkleben). In dieses Loch führen Sie nun die Gewindestange ein und befestigen diese mit jeweils zwei Muttern und Unterlegscheiben. Darüber befestigen Sie auf die gleiche Weise die ineinander geschachtelten Blumentöpfe, wobei deren unterer Rand ca. 5 cm Abstand zur Bodenplatte halten sollte. Darauf können Sie jetzt die brennenden Teelichter setzen und der kleine Heizkörper ist fertig. Als „Veredlung" lassen Sie noch kleinere Halterungen auf dem Tonuntersetzer anbringen, die das Verrutschen der Teelichter verhindern, wenn man einmal versehentlich dagegen stößt.

Mit einem solchen Miniheizkörper werden Sie natürlich kein Zimmer richtig warm bekommen (ein Teelicht entwickelt in etwa eine Heizleistung von 35 W). Allerdings sorgt er vor allem in der direkten Umgebung für einen deutlichen Anstieg der Temperatur. Schon allein deshalb ist es sinnvoll, einen solchen Heizkörper, der sich bequem auf den Tisch stellen lässt, zu betreiben. Stellen Sie sich vor, Sie sitzen alle zusammen im Winter gemütlich am Tisch und spüren durch die Blumentopfheizung eine angenehme Wärme. Die Finger sind nicht mehr klamm und das Wohlbefinden steigt, was wiederum die allgemeine Stimmung hebt. Kurz gesagt, der Vorteil der Heizung liegt nicht primär in der Erwärmung des Raumes sondern in der gleichmäßigen Wärmeverteilung rund um den Heizkörper. Während die Wärmeenergie eines einzelnen Teelichts im Raum verpufft, ist der von den Kerzen erhitzte Tontopf in der Lage die Wärme zu speichern und entsprechend seiner Temperatur gleichmäßig in Form von Wärmestrahlung an die Umgebungsluft abzugeben. Eine Teelicht-Blumentopfheizung ist somit weitaus effektiver als es einzelne Teelichter je sein können.

Und noch ein Tipp, wenn Sie partout vergessen haben, Streichhölzer zu bunkern oder Sie keinen Raucher in der Familie haben (Gasfeuerzeug) und auch die Nachbarschaft in punkto „Feuermachen" nicht helfen kann oder helfen will. Denn finden Sie vielleicht irgendwo in ihrer Wohnung noch eine volle Batterie (AA), eine Kerze, eine Schere und etwas Kaugummi-Einpackpapier. Letzteres zeichnet sich dadurch aus, dass es aus Papier und einer Schicht (leitfähiger) Alufolie besteht. Der Rest ist angewandte Physik. Sie schneiden im ersten Schritt einen ungefähr 1 cm breiten Streifen aus diesem Papier. Dann schneiden Sie entlang der rechten und linken langen Seite nicht ganz bis zur Mitte einen bogenförmigen Streifen heraus, so dass der Streifen „Kaugummipapier" die Form einer Sanduhr annimmt. Nun schließen Sie beide Enden dieses Streifens mit der Batterie kurz – und mit etwas Glück brennt aufgrund des Stromflusses der Papierstreifen von der engen Mitte her ab und Sie können eine Kerze damit anzünden.

Was in punkto „Heizung" absolut tabu sein sollte, sind offenes bzw. unbeaufsichtigtes Feuer innerhalb der Wohnung oder auf dem Balkon. Bei einem länger andauernden Stromtotalausfall ist sowieso mit mehr Wohnungsbränden zu rechnen, was wiederum bedeutet, dass die Feuerwehren maßlos überlastet sind. Und denken Sie daran – im Gefahrenfall eines Wohnungsbrandes nach einem Blackout sind alle Telefone tot. Sie sind dann nicht mehr in der Lage, die Feuerwehr zu benachrichtigen. Und noch etwas. Auch das bei unsachgemäßem Gebrauch von offenen Heizanlagen entstehende Kohlenmonoxid kann für eine schlafende Familie schnell zur Todesfalle werden. Um dem im Notfall vorzubeugen, ist die Anschaffung eines batteriebetriebenen CO-Melders sicherlich nicht die schlechteste Idee.

Kommunikation

Mit dem Augenblick des Netzzusammenbruchs gehen nicht nur sprichwörtlich die Lichter aus. Auch Fernsehen, Radio, Internet und Telefon sind im gleichen Augenblick tot. Mit etwas Glück funktioniert das Handy noch eine Weile, was aber wahrscheinlich nicht viel zu sagen hat, da es schnell zu einer Überlastung der Mobilfunknetze kommen wird. **Ehestens der SMS-Versand und Empfang sollte noch am längsten durchhalten.** Andererseits können aber Informationen lebenswichtig sein. Sollte der Netzzusammenbruch nachts passieren (von dem nach Murphys Gesetzen auszugehen ist), dann wird sich ein griffbereites Smartphone als Taschenlampe nützlich erweisen, bis die Taschenlampen und die Kerzen in der Wohnung gefunden und ihrem Gebrauch zugeführt sind... Trotzdem bleibt erst einmal die Frage – Was ist passiert? Liegt das Problem nur am Sicherungskasten oder ist es ernster? Ein Blick aus dem Fenster kann dann schon genügen um zu sehen, ob auch die Umgebung betroffen ist. Auf diese Weise wird sich zumindest feststellen lassen, ob (in der Stadt) der Stromausfall nur ein Haus, einen Straßenzug oder einen ganzen Stadtbezirk betrifft. Sollte dagegen die ganze Stadt „dunkel“ sein, dann sollten die Alarmglocken bereits besonders laut läuten – denn dann scheint ein mehr als ernstes Problem in der Energieversorgung vorzuliegen. Bei heller lichtem Tag greift dieser Schnellindikator natürlich nicht. Dann sollten Sie die im Kapitel „Was tun, wenn der Strom ausfällt„ beschriebenen Vorgehensweisen beherzigen. Wenn auch das Handy nicht mehr funktioniert, dann wird sich zumindest über Mundpropaganda und Gerüchteküche über relativ kurze Zeit zumindest ansatzweise in Erfahrung bringen lassen, was eigentlich passiert ist. Trotzdem wird sich schnell Unsicherheit breitmachen, da auch die Nachbarn erst einmal nicht Näheres wissen werden.

Wie sich also informieren? Da der staatliche Rundfunk auf jeden Fall mit Notstromaggregaten ausgestattet ist, kann er zumindest noch für einige Tage den Sendebetrieb aufrechterhalten. Um ihn zu empfangen, benötigen Sie aber ein funktionsfähiges batteriebetriebenes Empfangsgerät. Ein batteriebetriebener „Weltempfänger" sollte deshalb immer – mit einem entsprechenden Vorrat an Batterien – zur technischen Grundausstattung eines Notvorrats gehören. Auch gibt es „Kurbelradius" (wie „Kurbeltaschenlampen"), deren Akkus sich mechanisch aufladen lassen. Ihre Anschaffung sei hiermit besonders empfohlen. Aber was tun, wenn man kein solches Gerät zur Verfügung hat? Dann hilft auf jeden Fall ein analoges Autoradio, um in Erfahrung zu bringen, was eigentlich los ist. Und nehmen Sie die Warnungen und Hinweise, die von staatlichen Stellen kommuniziert werden, auf jeden Fall ernst. Sie handeln zwar i. d. R. nach ausgearbeiteten Katastrophenschutzplänen, deren Umsetzung bei panikartigen Reaktionen der Bevölkerung nicht mehr gewährleistet werden kann.

Apropos Batterien. Batterien (insbesondere AA) sind immer nützlich und sollten deshalb in ausreichender Stückzahl im Haushalt vorhanden sein. Gerade ein Tablett-PC kann man genauso wie ein Smartphone auch sehr gut ohne Internet-Verbindung offline zur „Ruhigstellung“ seiner Kinder verwenden, wenn darauf ein paar Spielprogramme installiert sind. Man muss natürlich garantieren können, dass man diese Geräte auch netzunabhängig wieder aufladen kann. Dazu bieten sich Powerpacks mit mechanisch (Kurbel) oder solarbetriebene Ladegeräten an.

Tipp: Wenn man noch irgendwo eine Kiste alter AA bzw. AAA- Batterien rumliegen hat und aufgrund eines fehlenden Messgerätes (Batterietester) nicht entscheiden kann, welche von diesen Batterien eventuell noch geladen sind, dann hilft auch hier ein Trick. Dazu muss man lediglich wissen, dass eine volle Batterie eine geleeartige, d. h. mehr oder weniger flüssige Masse enthält. Ist die Batterie dagegen leer, dann ist diese Masse fest. Lässt man nun eine solche zylinderförmige Batterie aus zehn bis zwanzig Zentimeter Höhe auf eine feste Tischplatte fallen, dann wird die zähflüssige Masse in deren Inneren den Aufprall dämpfen. Bei einer leeren Batterie ist diese Paste jedoch fest und die Batterie wird nach dem Aufprall deutlich nach oben springen, wobei je höher sie springt, desto niedriger wird ihre Ladung sein. Wenn die Batterie ungefähr so hoch springt, wie sie lang ist, ist sie vermutlich völlig leer. Auf diese Weise lässt sich auch ohne Spannungsmesser ein Batterievorrat schnell nach „geladen“, „halb geladen“ und „leer“ sortieren.

Doch zurück zur Problematik „Kommunikation" und „Information". Besonders wichtig für das eigene Handeln ist das Wissen darüber, ob es sich bei dem Stromausfall nur um ein lokales begrenztes Ereignis a la Berlin Köpenick 2019 oder um einen wirklich katastrophalen Blackout handelt, bei dem staatliche Hilfe kaum mehr zu erwarten sein wird. Während man im ersten Fall das Ereignis noch problemlos „aussitzen" kann, ist im zweiten Fall „Handeln" angesagt, um die Krise einigermaßen unbeschadet zu überstehen. Deshalb nutzen Sie wirklich alle Information, die Sie bekommen können (also auch diejenigen, welche gerüchteweise verbreitet werden), um diese beiden Fälle sicher zu unterscheiden. Insbesondere beachten Sie jede Art von offiziellen Benachrichtigungen und Handlungsanweisungen, wie Sie vielleicht von Katastrophenstäben anfänglich per SMS (bzw. Twitter, sollte das Internet über das Mobilfunknetz noch eine Zeitlang funktionieren) oder über Lautsprecherwagen kommuniziert werden. Denn davon sollte entscheidend Ihr weiteres Verhalten abhängen.

Eine besondere Bedeutung kommt auch den Funkamateuren (Stichwort: Notfunk) zu, die mit ihrem Equipment unter gewissen Voraussetzungen in der Lage sind, während eines Blackouts ein Notfall-Kommunikationsnetz aufrecht zu erhalten. Für den privaten Bereich sind Handfunkgeräte die Alternative zum ausgefallenen Mobilfunknetz. Man kennt sie unter dem Namen „Walkie-Talkies" und haben unter optimalen Bedingungen gewöhnlich eine Reichweite von 10 bis 12 km (es gibt natürlich auch Geräte, die diese Reichweite deutlich über oder auch deutlich unterschreiten). Es macht Sinn, seine Familienmitgliedern mit solchen

Geräten auszustatten, um eine drahtlose Kommunikation zu ermöglichen, wenn man gezwungen ist (z. B. zur Lebensmittelbeschaffung etc. pp) die Wohnung temporär zu verlassen. Walkie-Talkie-Geräte und ein Vorrat an passenden Batterien gehören übrigens auch in einen Notfallrucksack (wenn auch nicht zwingend).

Notstromversorgung

Das Thema Notstromversorgung hat viele Facetten und kann deshalb hier nur überblicksmäßig angeschnitten werden. Als elektrotechnischer Laie ist man hier ganz schnell überfordert. **Deshalb sollte man die Anschaffung einer privaten Notstromanlage (beispielsweise zur Notversorgung seines Eigenheims) genau planen und dabei immer einen Fachmann zu Rate ziehen.** Mit ihm sind u. a. Fragen zum Thema Leistungsbedarf und Leistungsbereitstellung, Anschlussmöglichkeiten an das Hausnetz (Stichworte „Netztrennung", „Resynchronisation" etc. pp), Treibstoffbedarf und Treibstofflagerung, behördliche Genehmigungen, welche elektrischen Geräte lassen sich damit gefahrlos betreiben und wie lange und noch vieles mehr, im Detail zu besprechen. Denn die Auswahl an entsprechenden Geräten ist riesig. Und wenn Sie sich für eine Notstromversorgung entschieden haben, sollten Sie auf jeden Fall dessen Handhabung im Vorfeld üben, um es in einer Notsituation auch schnell und fehlerfrei in Betrieb nehmen zu können. Auch sollten Sie ihre Familienmitglieder in dessen Gebrauch einweisen.

Tipp: Nutzen Sie während der Krise ihr Stromaggregat nur sporadisch und möglichst unauffällig. Denn nichts ist anziehender als ein hell erleuchtetes Haus in einer stockdunklen Nacht. Jede Motte wird das bestätigen können...

Eine Solaranlage auf dem eigenen Hausdach muss speziell für den Inselbetrieb ausgelegt sein, damit man sie bei einem Blackout auch unabhängig vom öffentlichen Stromnetz nutzen kann. Quelle: pixabay

Viele stolze Besitzer einer Solaranlage mit Batteriespeicher glauben, dass sie bei einem Stromausfall autonom sind und vergessen dabei, dass die meisten Solaranlagen gar nicht für diesen Zweck konzipiert wurden. Solaranlagen dienen primär dazu, Leistung an das öffentliche Netz abzugeben und nicht, eine Selbstversorgung des Eigners im Krisenfall zu gewährleisten. Damit die Wechselrichter überhaupt Strom phasen- und frequenzgenau an das Netz abgeben können, brauchen Sie einen Frequenzstandard – und den entnehmen sie dem öffentlichen Stromnetz. Ist dieses ausgefallen, ist auch die Solaranlage tot. Um einen Inselbetrieb zu ermöglichen, braucht es deshalb genaugenommen speziell entwickelte Solaranlagen mit entsprechend dimensionierten Akkus. Sie sind natürlich um Einiges teurer als gewöhnliche Solaranlagen. Aber es gibt mittlerweile die Möglichkeit, einen vorhandenen Wechselrichter durch einen speziellen, für den Inselbetrieb geeigneten Wechselrichter auszutauschen, der wiederum in der Lage ist, Akkus aufzuladen und eventuell auch den Anschluss eines Stromaggregats ermöglicht, der bei widrigen Wetterverhältnisse das Aufladen des Batterien unterstützen kann. Aber auch hier gilt das Gleiche wie für den Einsatz von Notstromaggregaten. Sie sollten, wenn Sie eine neue Solaranlage anschaffen oder eine bestehende auf Inselbetrieb umrüsten möchten, immer Fachleute zu Rate ziehen. Denn gerade hier kann man vieles falsch machen und dabei sehr viel Geld verbrennen.

Notfallrucksack

Es kann durchaus der Fall eintreten – z. B. aufgrund einer immer unübersichtlich werdenden Sicherheitslage – seine Wohnung, sein Haus oder seine Stadt fluchtartig zu verlassen. Für diesen Fall sollte man einen gepackten „Notfallrucksack" immer zur Hand haben. Grob gesagt, sollte sich seine Größe und Bepackung an den Erfordernissen eines längeren Outdoor-Aufenthaltes orientieren. Dabei ist ein Gesamtgewicht um die 20 kg optimal, da sich damit für einen gesunden Erwachsenen ein beschwerdefreier Dauermarsch von 8 Stunden hintereinander ohne weiteres realisieren lässt.

Was den Inhalt betrifft, so gibt es dafür beispielsweise vom „Bundesamt für Bevölkerungsschutz und Katastrophenhilfe" praktische Hinweise. Außerdem kann man bereits gepackte Notfallrucksäcke im Fachhandel erwerben und eventuell ergänzen – z. B. um eine wichtige, mit einer wasserdichten Schutzhülle umgebende Dokumentenmappe sowie mit persönlichen Medikamenten.

Hier wieder kurz eine Auflistung, was in einen solchen Rucksack gehört:

- 3 Liter Wasser in leichten Plasteflaschen + Outdoor-Wasserfilter und Entkeimungstabletten
- Streichhölzer, Feuerzeug (gerne auch längere) oder einen Feuerstahl, wenn man damit umgehen kann; eventuell Zundermaterial wie Watte in einer wasserdichten Schachtel
- Müsli-Riegel, Outdoor-Nahrungspakete, wie sie beispielsweise vom Militär verwendet werden (sogenannte MRE's – *„Meal Ready to Eat"*)
- Besteckset, Kochgeschirr, Campingkocher mit Gaskartusche, Outdoor-Wasserkocher
- Regenponcho, Ersatzsocken, im Winter (Schnee) können Gamaschen sehr nützlich sein
- Ein- oder Zweimannzelt kleinster Ausführung bzw. Biwaksack, Isomatte, Daunen-Schlafsack
- Erste-Hilfe-Set + Hygieneartikel (Klopapier, Tempo-Taschentücher)
- Dokumentenmappe mit allen wichtigen Dokumenten

- Eventuell Werkzeuge wie Messer, Outdoor-Axt etc.
- Lampe (ideal Kurbellampe, Stirnlampe), batteriebetriebener Weltempfänger (ideal Kurbelradio), Ersatzbatterien, Solarbetriebenes Ladegerät

Ergänzend sollte man natürlich auch noch eine Brust- und Gürteltasche zur Aufbewahrung von Ausweisen und Geld mitführen.

Richtiges und überlegtes Verhalten bei einem Blackout

Denken Sie immer daran, bei einem überregionalen und langandauernden Stromausfall mit dem damit verbundenen Zusammenbruch aller wichtigen Infrastrukturen können Sie sich nur auf sich selbst und Ihre Familie und vielleicht noch auf einige gute Freunde und nächste Nachbarn verlassen. Es macht in solch einem Szenario keinen Sinn, auf fremde oder sogar staatliche Hilfe zu hoffen. Auch müssen Sie davon ausgehen, dass die allermeisten Menschen für solch einen Katastrophenfall gerade nicht vorgesorgt haben, was zu einer stetig abnehmenden Sicherheitslage führt, je länger der stromlose Zustand anhält. **Wie gesagt, das Problem ist dabei weniger der Stromausfall selbst, sondern der damit einhergehende Zusammenbruch der kritischen gesellschaftlichen Infrastrukturen. Sie werden im Notfall weder Polizei, noch Arzt noch Feuerwehr rufen können. Kurz gesagt, Sie sind mit hoher Wahrscheinlichkeit weitgehend auf sich allein gestellt.** Wichtige Besorgungen und Notmaßnahmen müssen deshalb in den ersten Stunden nach dem Blackout ausgeführt werden, solange die Straßen noch einigermaßen sicher sind. Wenn Sie für Besorgungen Ihr Auto verwenden, dann bedenken Sie, dass ein Nachtanken wahrscheinlich nicht mehr möglich sein wird und es vielleicht besser ist, es für eine Flucht aus der Großstadt in ländliche Gebiete zu nutzen. Andernfalls sollten Sie den Treibstoff in Kanister ablassen, um dessen Diebstahl vorzubeugen und außerdem einen Brennstoffvorrat zum Eigenverbrauch oder Tausch zu haben.

Katastrophen, die mit einem Zusammenbruch der staatlichen Autorität verbunden sind, haben schon immer den gesellschaftlichen Zusammenhalt an ihre Grenzen geführt. Das wird auch bei einem Blackout der Fall sein. Nicht umsonst wurden beispielsweise im Fall Berlin-Köpenick Banken und Sparkassen sofort mit zusätzlichen Sicherheitspersonal ausgestattet, wohlwissend, dass es immer einen gewissen gesellschaftlichen Bodensatz geben wird, die solche Ausnahmeereignisse für kriminelle Handlungen nutzen werden. Daraus ergeben sich einige Verhaltensregeln, die man zur eigenen Sicherheit bzw. der Sicherheit seiner Nächsten beachten sollte:

- Wenn Sie in einer Großstadt wohnen, kann es eine gute Idee sein, rechtzeitig die Stadtwohnung zu räumen und solange es geht, zu Freunden und Verwandten in ländliche Gebiete zu fahren. Ob sich diese Idee realisieren lässt, hängt natürlich von einigen Umständen ab, von denen ein vollgetanktes Auto nur einer ist...
- Manchmal kann es auch eine Überlegung wert sein, die Stadtwohnung temporär mit einem Bungalow im Schrebergarten oder mit dem Wochenendhaus zu tau-

schen, vorausgesetzt, man hat eines zur Verfügung. Das gilt u. U. auch für die Nutzung eines Wohnmobils.

- Bleiben Sie, wenn möglich, immer im Haus bzw. der Wohnung und vermeiden Sie alles, was Fremde explizit auf Sie aufmerksam machen könnte wie beispielsweise beleuchtete Fenster, wenn es ansonsten überall um Sie herum nachts dunkel ist.
- Machen Sie niemals publik, dass Sie irgendwelche Vorräte zur Verfügung haben. Denn die meisten von einem Stromausfall betroffenen Menschen werden selbst keine haben. Teilen ist zwar Christenpflicht, kann aber schnell dazu führen, dass Sie mit entsprechend „Interessierten" überrannt werden. Oder wie es ein Sicherheitsexperte es einmal sehr anschaulich ausgedrückt hat: *„In solch einer Situation kann einem eine Dose Ravioli das Leben kosten"*.
- Wenn Sie ein Notstromaggregat besitzen, dann verwenden Sie es nur, wenn es für Sie überlebensnotwendig ist. Dessen Geräusche zeigen nämlich Ihre Anwesenheit und Ihren Besitz an wertvollen Brennmaterial und wahrscheinlich Lebensmittel an.

Bedenken Sie, dass nach spätestens ein- zwei Wochen ohne Strom insbesondere in den Städten der Ballungsgebiete Anarchie und Chaos – oder kurz gesagt, das Recht des Stärkeren – den Alltag bestimmen wird. Man kann hier schwer Prognosen treffen, denn gewöhnlich überwiegt sogar in Extremsituationen prosoziales Verhalten einem wie auch immer gearteten antisozialem Verhalten (welches in solch einem Fall weniger kriminellen Instinkten als einem hohen, mental kaum zu bewältigendem Stresslevel entspringt). **Das Solidaritätsgefühl ist – wie viele lokale Katastrophen zeigen – unter den Menschen sehr gut ausgeprägt und wirkt chaotischen und anarchischen Zuständen entgegen.** Wenn es trotzdem zu Verteilungskämpfen kommen sollte, dann ist es schwer, hier Ratschläge zu geben. Der Besitz und die Anwendung von Pfeffersprays, Gaspistolen und sogar Sportwaffen kann da schnell zum Bumerang werden. Es gibt allerdings auch eine Reihe von effektiven Gerätschaften und Dingen, die im Rahmen der geltenden Gesetze für jedermann erhältlich sind und die im Ernstfall den Unterschied machen können, ob man den nächsten Tag noch erleben wird oder eher nicht...

Staatlich organisierte Hilfe

(TAB) Die durch den Stromausfall induzierten Folgen und Folgeketten führen zu einer Situation, in der das Leben, die körperliche Unversehrtheit und Sicherheit der Bevölkerung hochgradig gefährdet sind sowie großer materieller Schaden entsteht. ***Es entwickelt sich eine Gefahren- und Schadenslage, in der überregionale Ressourcen mobilisiert werden müssen, damit der Staat seiner Schutzpflicht genügen kann.*** *Auf rechtlicher und administrativer Ebene sind durch den Gesetz und Verordnungsgeber entsprechende Voraussetzungen geschaffen worden.*

THW-Fuhrpark

An Gesetzen, Verordnungen, Katastrophenplänen, Handlungsanweisungen etc. pp mangelt es in Deutschland nicht. Auch Notreserven an Lebensmitteln und technische Ausrüstungen werden, was für einen modernen Industriestaat selbstverständlich ist, entsprechend vorgehalten.

Katastrophenschutzverordnung des Landes Brandenburg

Die wesentlichsten Punkte, die ein Staat mit seinen Institutionen in einem Katastrophenfall leisten muss, sind die Sicherstellung der Lebensmittel- und Trinkwasserversorgung, die Koordinierung aller Maßnahmen der Krisenbewältigung und die Aufrechterhaltung der öffentlichen Sicherheit.

Alle diese hier aufgezählten Punkte sind in einem hochindustrialisierten und mit einer funktionierenden hierarchischen Organisationsstruktur was Behörden, das Gesundheitswesen und den Katastrophenschutz (Stichwort THW) betrifft, ausgestatteten Land in jedem Fall leistbar, wenn sich eine Katastrophe mehr oder weniger lokal ereignet, wie es beispielsweise bei bestimmten Wetterereignissen gewöhnlich der Fall ist. Man denke hier nur an diverse Sturmfluten, Überschwemmungen nach Dauerregen, Sturzfluten nach Starkregen, Schneekatastrophen, Lawinenabgängen, Unfälle mit sehr vielen Betroffenen, lokal eingegrenzte Ausfälle der kritischen Infrastruktur usw. Ihnen werden sicherlich noch mehr Beispiele einfallen. **Sie alle sind i. d. R. nur deshalb beherrschbar, weil schnell von außerhalb des Katastrophengebietes Kräfte („Helfer") und Material zur Krisenbewältigung zum Einsatz gebracht werden kann und auch das dazu notwendige Kommunikationsnetz durchgehend funktionieren wird bzw. im Krisengebiet kurzfristig wieder hergestellt ist.** Es wird deshalb kaum zu größeren Engpässen bezüglich der Lebensmittel- und Trinkwasserversorgung kommen und mögliche Opfer lassen sich auch schnell in die Krankenhäuser des Umlandes verteilen. Aber genau diese Möglichkeiten entfallen bei einem länger andauernden überregionalen

Blackout – und im Extremfall kann das Versorgungsgebiet des gesamten europäischen Verbundnetzes von solch einem Stromausfall und dem damit verbundenen Ausfall der kritischen Infrastruktur betroffen sein (was einfach niemals passieren darf).

Übrigens, vor welche Probleme allein schon die Schadensbewältigung eines vergleichsweise kleinen, lokal eng begrenzten Katastrophenereignisses Betroffene, staatliche und private Hilfsorganisationen, Behörden und freiwillige externe Helfer stellt, lässt sich anhand des Hochwasserereignisses vom 14. und 15. Juli 2021 in Rheinland Pfalz (Stichwort „Ahrtal") in all seinen Facetten studieren...

Die wichtigste Erkenntnis, die wohl jeder Betroffenen von diesem Ereignis gezogen hat, dürfte die Erkenntnis sein, dass man, wenn man sich auf den Staat verlässt, verlassen ist. Aber genaugenommen gebietet es das Sozialstaatsprinzip, dass der „Staat" verpflichtend bestimmte Leistungen der Daseinsvorsorge (wie es so schön in der Gesetzgebung heißt) gegenüber jeden einzelnen Staatsbürger erbringt. Dazu gehören die Sicherstellung der Lebensmittel-, Wasser- und Energieversorgung sowie, neben weiteren, in diesem Zusammenhang irrelevanten Punkten, natürlich auch die Gesundheitsvorsorge und der Aufbau, die Realisation und Pflege der öffentlichen Infrastruktur. Und auch die Hilfe im Katastrophenfall ist zuerst einmal eine proprietäre Aufgabe staatlicher Institutionen, die sie aber im Sinne eines Gewährleistungsstaaten unter bestimmten Voraussetzungen an externe Dienstleister (wie z. B. das THW, dem „Roten Kreuz" und einer Vielzahl anderer privater Organisationen) abgeben darf. Die Erbringung der anvisierten Leistungen muss dabei staatlich überwacht von den Dienstleistern in den jeweiligen gesetzlichen Rahmenbedingungen gewährleistet werden.

Die Frage ist nun, kann der Staat überhaupt in einem so extraordinären Krisenfall, wie es ein überregionaler langandauernder Stromausfall nun mal ist, zusammen mit seinen Vertragspartner organisatorisch, materiell und personell die ihm obliegende Daseinsvorsorge für seine Bürger auch wirklich gewährleisten?

Rein rechnerisch sollte die „Zivile Notfallreserve der Bundesrepublik Deutschland" ausreichen, jeden Bürger mit einer Mahlzeit über einen überschaubaren Zeitraum von zwei, drei Wochen zu versorgen. Sie besteht aus insbesondere in Ballungsgebieten eingelagerten Beständen von Reis, Erbsen, Linsen, Kondensmilch und Milchpulver. Daneben gibt es noch die „Bundesreserve Getreide", die aus Weizen, Roggen und Hafer besteht und mit der im Krisenfall die Notversorgung mit Mehl und Brot aufrechterhalten werden soll.

Bei einem Blackout stellen sich im Hinblick auf diese Notreserven jedoch einige existentiell wichtige Fragen:

- Wie gelangen diese Notvorräte zu den Notleidenden? (Transportkapazität, Diesel, Logistik, Manpower)
- Auf welche Weise sollen diese Nahrungsmittel ohne funktionierende Stromversorgung zubereitet werden und wer ist dafür im Einzelnen jeweils verantwortlich?

- Wie erfolgt die Verteilung der Notmahlzeiten und nach welchen Gesichtspunkten?
- Wie garantiert man eine Verteilgerechtigkeit? (früher gab es dafür das System der Lebensmittelkarten, welches aber 2017 endgültig abgeschafft wurde. Ein adäquates Nachfolgesystem gibt es nicht)
- Wie können die Getreidevorräte ohne Mühlen (zu deren Betrieb ja elektrischer Strom notwendig ist) zu Mehl vermalen werden und wer verarbeitet dann das Mehl weiter (moderne Großbäckereien betreiben ihre Backstraßen bekanntlich elektrisch)?

Wenn man sich anhand dieser Fragen einmal die Problematik durchdenkt, wird man schnell feststellen, dass das Konzept der Notfallreserve zwar sicherlich sehr gut gemeint ist, aber bei einem Blackout nicht in dem geplanten Maße zum Zuge kommen wird, um es einmal diplomatisch auszudrücken. Auf sie verlassen sollte man sich also nicht.

Bleiben noch die immer gut gefüllten Zentrallager der großen Handelsketten wie Kaufland, Marktkauf, Aldi, Lidl, Netto etc. pp.

Kaufland betreibt beispielsweise 8 Zentrallager in Deutschland. Die dort gelagerten Lebensmittel und andere Waren des täglichen Bedarfs stellen ohne Zweifel einen wichtigen Teil einer eventuell notwendig werdenden Notversorgung dar, weshalb sie gesetzlich geregelt auch vom Staat konfisziert werden dürfen. Immerhin werden dort u. a. Lebensmittel vorgehalten, die theoretisch für eine zwei-, dreiwöchige Grundversorgung der Bevölkerung ausreichen sollten. Aber hilft das wirklich bei einem Blackout? Auch dazu einige Fragen und Anmerkungen:

- Reicht die Notstromversorgung der Zentrallager (wenn überhaupt vorhanden) aus, um deren Reibungsloses Funktionieren sicherzustellen? Dazu muss man in Betracht ziehen, dass moderne Zentrallager über Hochregale verfügen, die mittels Transportrobotik Be- und Entladen werden. Der Einsatz von Gabelstaplern ist nur in dafür vorgesehenen Lagern möglich und bedarf, da mittlerweile hauptsächlich mit Elektroantrieb ausgestattet, eine entsprechende Lademöglichkeit. Lager, die quasi noch einen „manuellen" Notbetrieb erlauben, sind dagegen meist selten und dann noch in ihrer Kapazität beschränkt.

  (TAB) „Diese (Zentrallager) *könnten mit einer robusten Notstromversorgung ausgestattet werden. Sind Stromeinspeisepunkte vorhanden, wäre der Einsatz mobiler Aggregate eine Option, die dann aber für längere Zeit sichergestellt werden müsste. Eine weitere Handlungsperspektive läge in einer auf regenerativen Energien basierten Eigenstromversorgung der Zentrallager, die ein hohes Maß an Autarkie ermöglichen würde."*

- Ohne Notstromversorgung wird auch die Kühlkette der in den Zentrallagern gekühlt gelagerten Lebensmittel unterbrochen, die dann sehr schnell verderben und entsorgt werden müssen.

Moderne Zentrallager der Logistik-Zentren sind heute zu einem großen Teil automatisiert und ohne Hilfe von Computern und Robotertechnik nicht oder nur sehr eingeschränkt zu betreiben. Quelle: pixabay

- In manchen Lagern wird aus Effizienzgründen eine sogenannte „Chaotische Lagerung" betrieben (wie beispielsweise bei AMAZON), wo nur noch der Computer „weiß", wo in welchem Regal irgendwas Bestimmtes ist. Diese ohne Computerhilfe zu nutzen, ist, gelinde gesagt, alles andere als einfach.

- Wie kommen die Waren aus den Zentrallagern zu den Menschen in den Städten? Stichworte: Fahrzeuge, Diesel, Manpower). Und wie sind die Zuständigkeiten festgelegt, wenn staatliche Stellen auf einmal die gesamte Logistik eines Handelsunternehmens übernehmen müssen? Kann das funktionieren?

Bundesamt für Bevölkerungsschutz und Katastrophenhilfe (BBK): „Die Reichweite, der im Krisenfall zu beschlagnahmenden Logistiklager der großen LEH-Handelsketten, sind kaum abzuschätzen. Was davon nach Plünderung sowie „Schwund" auf dem Transportweg übrig bleibt, ebenso wenig!"

- Wie soll überhaupt die gesamte personelle Umsetzung der Katastrophenpläne gelingen? (Stichwort „Dienstpflicht"). Hier stellen sich auch einige wichtige Fragen: Wie kommen die Mitarbeiter zu ihrer Arbeitsstelle, wenn es aus vielerlei Gründen zu einem Zusammenbruch der Verkehrsinfrastruktur kommt? Wie kann man mit Mitarbeitern, die sich beim Blackout nicht gerade an ihrem Arbeitsplatz befinden, in Kontakt treten? Wie kann man private Organisationen und Wohlfahrtsverbände organisatorisch in die Krisenbewältigung einbeziehen? Und was ist, wenn Mitarbeiter aus persönlichen Gründen (Sorge um die Familie) nicht mehr zum Dienst erscheinen?

Eigentlich sollten diese Ausführungen genügen um zu erkennen, dass man sich bei einem überregionalen, länger andauernden Stromausfall keinesfalls auf staatliche Hilfe verlassen sollte. **Am besten ist es, wenn man von vornherein davon ausgeht, dass es keine staatliche Hilfe geben wird. Man ist auf sich allein gestellt oder auf die Solidarität der gleichfalls betroffenen Menschen seiner unmittelbaren Umgebung wie Familienmitglieder, Freunde und Verwandte und Nachbarn angewiesen.** Davon geht übrigens auch der „Staat" aus, in dem er bei all seinen Planungen stillschweigend davon ausgeht, dass jede Familie einen Notvorrat für mindestens 10 Tage angelegt hat. Denn das gibt ihm wiederum Zeit, eigene Maßnahmen anlaufen zu lassen. Und die Quintessenz von allem: **Es kommt bei der Frage, ob ein Blackout „beherrschbar" bleibt, in erster Linie auf die Resilenz der Bevölkerung an – aber dazu muss sie über die potentiellen Gefahrenlagen aufgeklärt sein und sich darauf aktiv vorbereiten.**

This is the end, beautiful friend
This is the end, my only friend, the end

The Doors

Fazit

Unter dem mittlerweile religiöse Züge annehmenden „Klimaschutz" möchte die Politik alles irgendwie auf „erneuerbare" Energien umstellen in der stillschweigenden Hoffnung, dass die Naturgesetze und die Ingenieure das schon irgendwie zulassen bzw. hinbekommen. Was dabei wirtschaftlich und auch unter ökologischen Gesichtspunkten fragwürdig ist, wird über von den Stromkunden zwangssubventionierten und deshalb von den Energiekonzernen mitgetragenen „Lösungen" in Form von Windparks, Solarenergieanlagen und Biogasanlagen zwangsrealisiert, obwohl sich ab einem bestimmten Anteil gerade die volatilen Energiequellen sich nur noch unter einem großen Aufwand in die über Jahrzehnte gewachsenen Strukturen der Energiewirtschaft einpassen lassen. Während vor zwanzig Jahren das Versorgungsnetz noch robust und selbstregulierend war, gehören heute künstliche Eingriffe in Form von Redispatch-Maßnahmen, die außerdem nur noch computergestützt überhaupt beherrschbar bleiben, zum täglichen Brot der Netzbetreiber. Das garantiert zwar immer noch eine im Vergleich zu vielen Entwicklungsländern hohe (in Deutschland sogar sehr hohe) Sicherheit und Verfügbarkeit der elektrischen Energieversorgung, aber zum Preis eines immer komplexer werdenden Gesamtsystems. Und jeder Risikoforscher weiß, dass ein komplexes System sich mehr zu einem unvorhergesehenen Verhalten neigt bzw. angreifbar wird (Cyberattacken), als ein einfaches und damit überschaubares.

Lokale Ereignisse wie der „Köpenicker Stromausfall“ von Ende Februar 2019 oder der von Dresden 2021 konnten leider ihre heilsame Wirkung nur lokal entfalten, denn es kann und will sich offensichtlich niemand vorstellen, dass das selbstverständliche Gut „Elektrischer Strom“ einmal plötzlich versiegen könnte (es sei denn, dass man als vom Schicksal gebeutelter von seinen Stadtwerken den Strom abgeklemmt bekommt, wie es mittlerweile im reichen Deutschland allein im Jahre 2020 über 230.000 privaten Haushalten wiederfahren ist). **Die Unbekümmertheit, mit der die allermeisten Bürger und Politiker von einer für alle Zeiten ununterbrochen verfügbaren Stromquelle (landläufig „Steckdose“ genannt) ausgehen, erinnert besonders krass an die sogenannte „Truthahn-Illusion“:**

„Bis zu seiner Schlachtung wird der Truthahn jeden Tag gefüttert und umsorgt. Nun ist ausgerechnet am Abend vor seinem Tod die Wahrscheinlichkeit, dass er am nächsten Tag auch wieder gefüttert und umsorgt wird, aus der Sicht des Truthahns am größten. Denn mit jeder Fütterung stieg seine Gewissheit bzw. sein Vertrauen darauf, dass ihm nichts passiert. Und trotzdem kommt am Tag vor Thanksgiving der Mann, der ihn so lange umsorgt hat, nicht mit dem Futter, sondern mit dem Messer.“

Der Fehler ist hier, dass man einen Trend (es passiert nichts) in alle Zukunft extrapoliert, obwohl es zu jedem Zeitpunkt zu einem Trendbruch (es passiert doch etwas)

kommen kann. Das Ziel dieses kleinen Ratgebers war es, Sie für solch einen Trendbruch zu sensibilisieren, der in dem hier behandelten Fall – wie beim Truthahn – zu einer existentiellen Katastrophe führen kann, wenn man nicht adäquat darauf vorbereitet ist.

Ob Sie sich auf solch ein vermeintlich unwahrscheinliches Ereignis wie einen Blackout vorbereiten oder nicht, bleibt natürlich Ihnen überlassen. Trotzdem sollten Sie als meine Empfehlung die in diesem Buch bereits einmal zitierte „Konklusion" des „Büros für Technikfolgenabschätzung beim Deutschen Bundestag" zumindest zur Kenntnis nehmen und – natürlich besser noch – darauf Ihr Handeln ausrichten. Ein Blackout ist keine Spaßveranstaltung:

*(TAB) Wie die zuvor dargestellten Ergebnisse haben auch die weiteren Folgenanalysen des TAB gezeigt, **dass bereits nach wenigen Tagen im betroffenen Gebiet die flächendeckende und bedarfsgerechte Versorgung der Bevölkerung mit (lebens)notwendigen Gütern und Dienstleistungen nicht mehr sicherzustellen ist.** Die öffentliche Sicherheit ist gefährdet, der grundgesetzlich verankerten Schutzpflicht für Leib und Leben seiner Bürger kann der Staat nicht mehr gerecht werden. **Die Wahrscheinlichkeit eines langandauernden und das Gebiet mehrerer Bundesländer betreffenden Stromausfalls mag gering sein. Träte dieser Fall aber ein, wären die dadurch ausgelösten Folgen selbst durch eine Mobilisierung aller internen und externen Kräfte und Ressourcen nicht »beherrschbar«, allenfalls zu mildern.***

Anhang

Checkliste „Erste Hilfe und Medikamente“

- ☐ Verbandskasten (z. B. Standard-Verbandskasten KFZ)
- ☐ Wunddesinfektionsmittel
- ☐ Pflasterspray (zur Behandlung von Schürfwunden)
- ☐ Wund- und Heilsalben
- ☐ Handelsübliche rezeptfreie Mittel zur Behandlung von
  - Infekten (Husten, Schnupfen, Heiserkeit)
  - Magen- Darmproblemen (z. B. Durchfall)
  - Schmerzen
- ☐ Notwendige Medikamente für den Eigenbedarf für mindestens 2 Wochen (z. B. Insulin)
- ☐ Schutzmasken (möglichst FFP2/3)
- ☐ Fieberthermometer
- ☐ Scheren, Pinzetten, Sicherheitsnadeln
- ☐ für Kinder Fieber-Zäpfchen
- ☐ Verschiedene Heilteesorten in Aufgußbeuteln

Checkliste „Wasser und Lebensmittel“

- ☐ Bevorratung von Trinkwasser (2 l pro Person für 3 Wochen)
- ☐ Bereitstellung von Brauchwasser (so viel wie möglich, Richtwert 12 l pro Person und Tag)
- ☐ Geeignete Wasserfilter zur Umwandlung von Brauchwasser in Trinkwasser
- ☐ „Geschmacksstoffe“ – z. B. Teepulvergranulate, Teebeutel
- ☐ Chlor- bzw. Silberionentabletten zur Wasseraufbereitung
- ☐ Wo findet man die nächsten öffentlich zugänglichen Trink- und Brauchwasserquellen außerhalb der Wohnung?

Checkliste „Lebensmittel und Hygienebedarf“

Was man genau an Lebensmitteln bevorratet hängt von den eigenen Erfordernissen und Ernährungsgewohnheiten ab. Vorschläge dafür finden Sie im Abschnitt „Essen und Trinken bevorraten“. Allgemein sollten die Vorräte für ca. 3 Wochen reichen. Bevorzugen Sie dabei Lebensmittel, die sich möglichst mit minimalen energetischem Aufwand zubereiten lassen.

- ☐ Frühstück (Dosenbrot, Müsli...)
- ☐ Hauptmahlzeit (Dosensuppen, Konserven, Nudeln, Reis, Kartoffelpüree, Eier... – wenn möglich, selbst kochen)
- ☐ Abendessen (Brot, Dauerwurst, Dosenwurst, Instant-Suppen, Eier...)
- ☐ Vitamintabletten, Traubenzuckertabletten
- ☐ Bei Bedarf Babynahrung
- ☐ Bei Bedarf Haustiernahrung (Büchsen, Trockenfutter)
- ☐ Campingkocher + Brennmaterial
- ☐ Mechanischer Dosenöffner, Einweggeschirr und Besteck
- ☐ Haushaltspapierrollen
- ☐ Plastebeutel und Plastesäcke („Müllbeutel“)
- ☐ Campingtoilette + Ersatzbeutel
- ☐ Toilettenpapier, eventuell Hygienetücher
- ☐ Seife, Zahnpflegeutensilien
- ☐ Bei Bedarf Damenbinden
- ☐ Bei Bedarf Windeln (eventuell waschbare Stoffwindeln)
- ☐ Schreibblock und Kugelschreiber

Checkliste „Wärmeversorgung“

Tritt der Blackout in der kalten Jahreszeit auf, kann eine ausreichende Wärmeversorgung überlebenswichtig sein.

- ☐ Schlafsack (ideal hochgebirgstauglicher Daunenschlafsack)
- ☐ Isomatte
- ☐ Vorrat an Wolldecken
- ☐ Kerzen (insbesondere Teelichter) + Streichhölzer und Gasfeuerzeuge
- ☐ Holz-, Gas- oder Petroleumheizung + entsprechende Menge an Brennstoffen
- ☐ Wenn man Wasser erhitzen kann, Wärmflaschen

Checkliste „Dies und das"

- ☐ Taschenlampen (am besten mit LED's) + Batterievorrat
- ☐ Powerbank, am besten Aufladbar mit einem Solarpanel
- ☐ Werkzeugkasten
- ☐ Taschenmesser (ideal ein Schweizermesser)
- ☐ Mehrere Rollen Schnur, Klebeband
- ☐ eventuell eine batteriebetriebene Alarmanlage
- ☐ befüllte Treibstoffkanister
- ☐ Feuerlöscher, Löschspray, Feuerlöschdecke, Kübelspritze
- ☐ akustischer Brandmelder, akustischer CO-Warner

Checkliste „Kommunikation“

- ☐ Analoges Radio („Weltempfänger“) mit Kurbel, Solarzelle oder mit Batterie
- ☐ Smartphone mit spezieller App, die einen analogen Radioempfang (d. h. ohne Internetverbindung) ermöglicht.
- ☐ Walki-Talki-Funkgeräte mit Batterien oder Akkus

Checkliste „Notstromversorgung“

Bei geringem Leistungsbedarf ist die Verwendung von Powerbanks, die per Solarpanel wieder aufgeladen werden können, vorzuziehen.

- ☐ Ist das Notstromaggregat betriebsbereit? Ist genügend Treibstoff dafür vorhanden? Haben Sie sich mit dessen Bedienung vertraut gemacht?
- ☐ Reichen die Leistungsabgabe und die Qualität des vom Notstromaggregat erzeugten Wechselstroms für den Betrieb der gewünschten elektrischen Geräte aus?
- ☐ Wurde überprüft, dass die häusliche Solaranlage auch im Inselbetrieb, d. h. autonom vom externen Stromnetz, funktioniert?

Checkliste „Allgemeine organisatorische Fragen"

- ☐ Haben Sie im Vorfeld eines solchen Ereignisses einen Notfalltreffpunkt ausgemacht, wo man sich treffen kann, wenn keine Kommunikation mehr möglich ist? (Zuständigkeiten: Wer holt wem wo ab?)
- ☐ Kennen Sie die Anlaufpunkte in Ihrer Stadt, Ort, Gemeinde, wo eventuell Rettungspunkte, Essenausgaben oder Wärmeinseln eingerichtet werden?
- ☐ Wissen Sie immer, wo sich alle Familienmitglieder gerade aufhalten?
- ☐ Haben Sie alle elektrischen Geräte, wenn möglich, komplett vom Netz getrennt?
- ☐ Haben Sie in einem Raum die Deckenbeleuchtung eingeschaltet, um sofort zu erkennen, wenn der Stromausfall behoben ist?
- ☐ Haben Sie Ihren Kühlschrank / Ihre Kühltruhe nach leicht verderblichen Lebensmitteln gescheckt?
- ☐ Sollte Frost herrschen – denken Sie daran, dass Wasserleitungen und mit Wasser gefüllte Heizungsrohre einfrieren und platzen können.
- ☐ Haben Sie – wenn noch möglich – alle vorhandenen Gefäße mit Wasser befüllt?
- ☐ Vergessen Sie nicht eine Bestandsaufnahme der vorhandenen Lebensmittel einschließlich Wasser und von Bargeld bzw. geeignetem Tauschmaterial (z. B. Zigaretten etc. pp)
- ☐ Haben Sie auch an Ihre Haustiere gedacht?
- ☐ Haben Sie Kontakt mit Ihren unmittelbaren Nachbarn aufgenommen, um die Situation zu besprechen und eventuell gemeinsame Maßnahmen zu planen.

Checkliste „Strom wieder da“

- ☐ Überprüfen, ob Elektroherd oder andere, Wärme produzierende Geräte während des Stromausfalls auch wirklich ausgeschalter waren
- ☐ Überprüfen, ob alle wichtigen Geräte auch wieder wie vorgesehen funktionieren (Kühlschrank, Heizanlage, Radio und Fernsehen...)
- ☐ Geräte mit elektronischen Uhren wieder auf die richtige Zeit stellen, soweit sie sich nicht selbst – z. B. über das Internet – synchronisieren
- ☐ Da anfänglich das Stromnetz wahrscheinlich noch recht instabil ist, sollte man insbesondere das Hochfahren von IT-Systemen (Server) auf einen späteren Zeitpunkt verschieben - insbesondere, wenn keine USV zur Verfügung steht

Webseiten zum Thema

Herbert Saurug
Internationaler Blackout- und Krisenvorsorgeexperte

https://www.saurugg.net/

Bundesministerium des Inneren, für Bau und Heimat
Bevölkerungsschutz

https://www.bmi.bund.de/DE/themen/bevoelkerungsschutz/bevoelkerungsschutz-node.html

Zivilschutz Österreich

http://zivilschutzverband.at/

Agora-Energiewende
Agorameter

https://www.agora-energiewende.de/service/agorameter/

Printed in Poland
by Amazon Fulfillment
Poland Sp. z o.o., Wrocław

94375197R00120